中国科学院数学与系统科学研究院
中国科学院华罗庚数学重点实验室

数学所讲座 2018

王友德　冯　琦　尚在久　张松懋　主编

科 学 出 版 社

北　京

内 容 简 介

中国科学院数学研究所一批中青年学者发起组织了数学所讲座，介绍现代数学的重要内容及其思想、方法，旨在开阔视野，增进交流，提高数学修养．本书系根据2018年数学所讲座的8个报告的讲稿整理而成，按报告的时间顺序编排．具体的内容包括：深度学习中的数学问题、复动力系统、种群动力学中的若干偏微分方程模型、Hofstadter 蝴蝶背后的数学、计算电磁学的数学方法、从三角形说起、区间映射迭代中的复分析方法、数学与现代文明．

本书可供数学专业的高年级本科生、研究生、教师和科研人员阅读参考，也可作为数学爱好者提高数学修养的学习读物．

图书在版编目(CIP)数据

数学所讲座. 2018/王友德等主编. —北京：科学出版社，2022. 6
ISBN 978-7-03-072417-5

Ⅰ. ①数… Ⅱ. ①王… Ⅲ. ①数学-普及读物 Ⅳ. ①O1-49

中国版本图书馆 CIP 数据核字 (2022) 第 092923 号

责任编辑：李 欣 李香叶／责任校对：彭珍珍
责任印制：吴兆东／封面设计：王 浩

科 学 出 版 社 出版
北京东黄城根北街 16 号
邮政编码：100717
http://www.sciencep.com
北京建宏印刷有限公司 印刷
科学出版社发行 各地新华书店经销
*
2022 年 6 月第 一 版 开本：720×1000 1/16
2023 年 9 月第二次印刷 印张：10 3/4
字数：215 000

定价：88.00 元

(如有印装质量问题，我社负责调换)

前　言

“数学所讲座” 始于 2010 年, 宗旨是介绍现代数学的重要内容及其思想、方法和影响, 扩展科研人员和研究生的视野, 提高数学修养和加强相互交流, 增强学术气氛. 那一年的 8 个报告整理成文后集成《数学所讲座 2010》, 杨乐先生作序, 于 2012 年由科学出版社出版发行. 2011 年和 2012 年数学所讲座 16 个报告整理成文后集成《数学所讲座 2011—2012》, 于 2014 年由科学出版社出版发行. 2013 年数学所讲座的 8 个报告整理成文后集成《数学所讲座 2013》, 于 2015 年由科学出版社出版发行. 2014 年数学所讲座的 8 个报告中的 7 个整理成文后集成《数学所讲座 2014》, 于 2017 年由科学出版社出版发行. 2015 年数学所讲座的 9 个报告整理成文后集成《数学所讲座 2015》, 于 2018 年出版发行. 2016 年数学所讲座 8 个报告整理成文后集成《数学所讲座 2016》, 于 2020 年出版. 这些文集均受到业内人士的欢迎. 这对报告人和编者都是很大的鼓励.

数学所讲座 2017 年的 8 个报告已整理成文, 文集即将出版.

本书的文章系根据 2018 年数学所讲座的 8 个报告的讲稿整理而成, 按报告的时间顺序编排. 如同前面的文集, 在整理过程中力求文章容易读、平易近人、流畅、取舍得当. 文章要求数学上准确, 但对严格性的追求适度, 不以牺牲易读性和流畅为代价.

文章的选题, 也就是报告的选题, 有深度学习中的数学问题、复动力系统、种群动力学中的若干偏微分方程模型、Hofstadter 蝴蝶背后的数学、计算电磁学的数学方法、从三角形说起、区间映射迭代中的复分析方法、数学与现代文明. 从题目可以看出, 数学所讲座的主题是广泛的, 包含数学在现代文明中的作用、计算数学、生物数学、信息科学等. 当下, 数学与其他学科的交叉广泛且深入, 这些交叉对数学和相关的学科的发展都是很有益的. 报告内容的选取反映了作者对数学和应用及交叉的认识与偏好, 但有一点是共同的, 它们都是重要的主题, 有其深刻性. 希望这些文章能对读者认识现代数学及其应用和交叉有益处.

编　者

2021 年 6 月

目　录

前言
1　深度学习中的数学问题 ………… 王立威
2　复动力系统 ………… 王跃飞
　2.1　发展概貌 ………… 17
　2.2　基本概念 ………… 18
　2.3　主要性质 ………… 19
　2.4　重要进展 ………… 20
　2.5　发展态势 ………… 25
　　2.5.1　非阿基米德动力系统 ………… 25
　　2.5.2　随机 Loewner 演化 ………… 25
　参考文献 ………… 26
3　种群动力学中的若干偏微分方程模型 ………… 楼元
　3.1　引言 ………… 28
　3.2　单个物种模型 ………… 29
　　3.2.1　Logistic 模型 ………… 29
　　3.2.2　河流模型 ………… 30
　3.3　竞争物种模型 ………… 32
　　3.3.1　Lotka-Volterra 竞争模型 ………… 32
　　3.3.2　河流竞争模型 ………… 33
　　3.3.3　理想自由分布 ………… 35
　3.4　连续种群模型 ………… 36
　　3.4.1　Lotka-Volterra 连续种群模型 ………… 36
　　3.4.2　河流连续种群模型 ………… 38
　3.5　主特征值问题 ………… 42
　　3.5.1　势流: $\boldsymbol{v} = \nabla b$ ………… 42
　　3.5.2　不可压缩流: $\boldsymbol{v} = \boldsymbol{v}_0$ ………… 44
　参考文献 ………… 45
4　Hofstadter 蝴蝶背后的数学 ………… 尤建功
　4.1　Hofstadter 蝴蝶 ………… 50

4.2 准周期薛定谔方程和准周期薛定谔算子 ······ 52
4.3 准周期薛定谔算子的谱集 ······ 53
4.4 准周期薛定谔算子的谱测度和局域化 ······ 56
4.5 准周期薛定谔 Cocycles ······ 59
4.6 结语 ······ 62
5 计算电磁学的数学方法 ······ 陈志明
5.1 麦克斯韦方程组 ······ 64
5.2 自适应有限元方法 ······ 67
5.3 电磁涡流模型的自适应有限元方法 ······ 72
5.4 散射问题的完美匹配层方法和波源转移算法 ······ 76
5.4.1 辐射边界条件 ······ 76
5.4.2 完美匹配层方法 ······ 78
5.4.3 波源转移算法 ······ 80
5.5 结语 ······ 82
参考文献 ······ 82
6 从三角形说起 ······ 李明翔 徐兴旺
6.1 简介 ······ 84
6.1.1 关于紧曲面的公式 ······ 84
6.1.2 黎曼流形上的 Gauss-Bonnet-陈公式 ······ 86
6.2 完备黎曼曲面上的推广 ······ 87
6.3 正则度量 ······ 90
6.4 度量正则化的几何性条件 ······ 102
6.5 局部情形 ······ 105
6.6 共形平坦流形的 Gauss-Bonnet-陈公式 ······ 111
6.7 其他情形的相关问题 ······ 115
参考文献 ······ 116
7 区间映射迭代中的复分析方法 ······ 沈维孝
7.1 离散动力系统 ······ 118
7.2 偏差估计 ······ 118
7.3 Milnor-Thurston 拓扑熵问题 ······ 121
7.4 Feigenbaum 重整化及其推广 ······ 123
7.5 公理 A 系统的稠密性 ······ 124
7.6 公开问题 ······ 127
参考文献 ······ 127

8 数学与现代文明 ······ 马志明
8.1 数学不同于其他学科 ······ 130
8.2 数学与时代特征密切相关 ······ 131
8.3 小波分析 ······ 132
8.4 电磁波与物理 ······ 133
8.5 搜索引擎与网络排序 ······ 135
8.6 马氏过程与上网行为分析 ······ 138
8.7 数学与现代经济金融 ······ 140
8.8 数学与现代生命科学 ······ 141
8.9 AlphaGo 与深度强化学习 ······ 146
8.10 生成对抗网络与最优传输理论 ······ 151
8.11 金融数学的基础：Itô 公式 ······ 156
8.12 结语 ······ 162

1 深度学习中的数学问题

王立威[①]

我今天要讲的内容是深度学习中的数学问题. 最近几年, 深度学习是一个非常火热的话题, 全世界都很关注. 深度学习虽然看上去是一个和应用相关的话题, 在很多应用里面大家看到了深度学习带来的很多影响, 但是在过去一两年的时间里, 学术界最关注的其实是深度学习的理论问题. 我们希望对它从理论上理解. 这里面出现了非常多的数学问题, 从我的角度来看, 应该是一些新的数学问题, 需要我们努力去解决.

在整个国际学术界, 现在也有越来越多的数学家开始在深度学习这个方向去深入探索, 比如去年年底来中国访问的著名数学家、Fields 奖得主 Cédric Villani 就是其中之一. Villani 现在相当大的关注是在机器学习、深度学习的方面. 有很多从事机器学习理论研究的人应用 Villani 的传输 (transportation) 理论做了很多的研究. 其实在今天的机器学习界和数学界, 这种大家融为一体做研究的交互在国际上非常普遍, 所以我也希望今天借此机会和大家有一个深入的交流, 也可以在我们国内, 在数学所和计算机领域之间能够建立一个很好的沟通的桥梁, 今后我们大家可以一起有合作、有沟通, 希望合作出一些在世界上有重大影响力的成果.

首先我简单地介绍一下机器学习的发展历史. 机器学习被认为是今天人工智能的一个核心方法. 人工智能的历史其实已经很久了, 从 20 世纪 50 年代引入人工智能的概念以来, 人工智能的发展经历了几波浪潮. 机器学习是从 20 世纪 80 年代发展起来的一套新技术, 它的核心观点是: 从数据端、经验端去学习, 而不是人给机器制定规则. 机器要从数据和经验中有新的发现, 获取新的信息. 在 2012 年, 机器学习有一个非常重大的突破, 就是深度学习. 其实深度学习这个概念早在 1998 年就被提出来了, 但是由于当时的一些限制, 比如说计算机的计算能力、数据量, 以及算法的设计, 深度学习长时间没有发挥很好的效果. 但是在 2012 年, 由加拿大多伦多大学的 Hinton 教授带领的团队采用深度学习的方法, 在一个非常

---

① 北京大学信息科学技术学院.

著名的应用领域——计算机视觉领域, 取得了很大的突破. 从此, 大家认识到了这个方法的重要性, 深度学习取得了巨大的进步, 产生了深远的影响.

下面我举几个例子, 这是我自己认为, 从应用的角度来讲, 最有可能改变我们的社会和生活, 或者说影响力很大的应用实例. 其中大家最耳熟能详的是 AlphaGo. 另外还有无人驾驶, 以及深度学习对医疗领域的改变. 我比较看好在医疗和无人驾驶方面, 机器学习的技术会给这个行业带来重大的颠覆性的变革.

除了深度学习以外, 还有另一个非常重要的技术叫做深度强化学习. 深度强化学习是两个技术的结合, 一个技术叫做强化学习, 深度代表深度学习. 大家耳熟能详的 AlphaGo, 就是用深度学习和强化学习技术来实现的. 在 AlphaGo 出现之前, 围棋领域的专业人士认为至少在十年之内不可能有计算机能够打败人类, 但是 AlphaGo 颠覆了他们的想法. 之后我还会谈一谈除了刚才讲的和社会生活非常相关的一些领域的应用, 深度学习对科学, 特别是对数学可能会产生什么样的影响, 这也是我个人特别感兴趣的一个方面.

下面我用比较正式的数学语言把机器学习, 特别是监督学习的框架描述一下. 这个框架如图 1.1 所示.

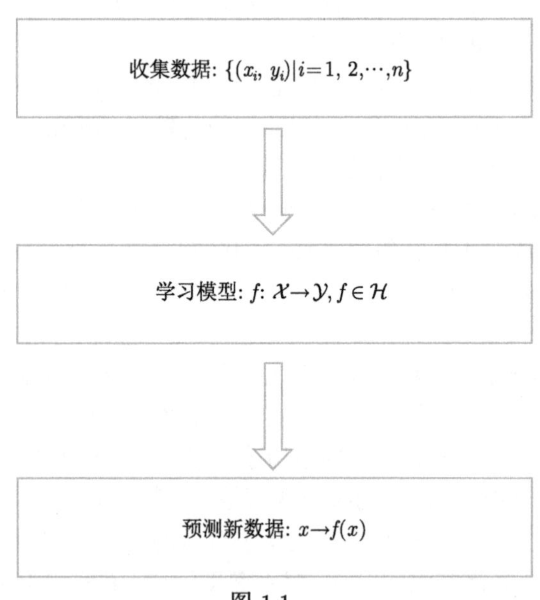

图 1.1

监督学习的数学描述非常简单. 它是这样一个过程：第一步, 我们要收集一些数据, 比如说我拿到了一些图片, 然后想对这些图片进行分类. 最简单的一个例子是阿拉伯数字 0—9, 我们想做的事情是：拿到含有阿拉伯数字的图片, 识别图片里的数据究竟是不是属于 0—9 这十个类别中的某一类？这叫做分类问题. 对这样的问题, x 代表图片, y 代表它所属的 0—9 这十个类别中的一个. 我们会先收集一些数据, 比如说我们收集了一万张手写的阿拉伯数字的图片, 对于每张图片我们会给出一个它所属的类别的标签. 我们把这些数据叫做训练数据. 有了训练数据之后, 我们把它输送给一个我们设计的学习算法. 这个算法是机器学习的核心, 是由人来设计的. 把数据输入这个算法之后, 运行这个算法去学习一个模型. 所谓模型就是一个函数, 或者说一个映射, 它从样本空间 X 映射到标签空间 Y. 在刚才的例子里, X 是我们看到的所有的图片, Y 是由 0—9 这十个类别组成的集合. 我们的目的就是设计一个算法去学习一个模型, 当你的算法的输入是已有的这些数据的时候, 这个算法会得出一个映射. 我们得出映射的目的是什么? 我们的目的是在未来, 当你有新的图片、新的数据的时候, 可以对新的数据进行分类, 对它的类别做预测. 我们的目的是在新数据上预测这个函数的值. 我们把它叫做分类. 整个学习的流程是非常简单的.

那么怎么去学习这个模型呢? 我们可以用一种更加简略的数学语言来描述. 我想估计一个函数 f, 但是我拥有的只是一些这个函数的输入和输出的对. 我们的目的是希望对这个函数在其他所有可能的输入上都能有准确的输出的预测. 这是一个更简单的描述. 当我们的目的是预测新的数据的时候, 我们一定要有关于新数据和已有的训练数据的关系的一些假设. 下面是一个理论假设框架.

这个理论假设框架认为, 无论是之前收集的训练数据还是未来可能遇到的新的数据, 它们的分布都是 $\mathcal{D}$.

$$\mathrm{All}\,(x,y)\sim\mathcal{D},\quad \mathcal{D}\ \text{未知},$$

这里的特殊性就在于, 我们只知道所有的数据都是从 $\mathcal{D}$ 这个分布里面抽取出来的, 但是我们并不知道这个分布是什么. 到这里为止, 我们已经把监督学习问题描述完了, 它的问题就是: 所有的数据, 不管是算法学习之源的训练数据还是未来应用的测试数据, 都是从一个分布中抽取出来的, 而这个分布是未知的. 我们要做的就是学习一个函数, 利用已有的数据的信息, 使得它能够应用到未来的数据上, 这是针对问题来说的.

那么如何解决这个问题? 既然我们所拥有的信息只是之前收集的训练数据, 那一个很简单的想法就是, 我希望学到的函数 f 在训练数据上能够有比较好的拟合, 这是很显然的一个想法. 一个经常使用的方法叫做经验风险极小化 (empirical risk minimization):

$$\min R_n(w) := \frac{1}{n}\sum l(w;x_i,y_i).$$

如果 w 是 f 的参数, 那我们会用一个损失函数来衡量模型的表现. 我们希望这个损失函数在现有的训练数据上达到比较小的值, 这是一种非常自然的想法. 当然如果只是这么做, 那么这是很简单的问题, 没有什么新的内容. 机器学习的特殊性就在于, 做最小化不是最终目的, 最终目的是在未来的、你还没有遇到的新的数据上做预测. 所以只有训练数据有一个很小的损失是远远不够的, 一定要在新的数据上也得到非常好的结果. 因此我们提出了期望风险 (population risk) 的概念:

$$R(w) := E[l(w; x, y)],$$

也就是对损失取期望. 当 (x, y) 从未知的分布里抽取时, 我们希望 l 的期望值尽可能小, 这才是最终衡量学习结果好与坏的真正标准. 在一些现有的数据上的优化和最终希望期望风险小, 这两者之间是有差距的. 这是机器学习的一个非常本质的问题.

机器学习其实并不是一个新兴的学科. 我认为它是一个至少有几百年甚至上千年历史的学科. 我给大家举两个例子, 第一个是初中物理学里面都会讲的例子, 叫做胡克定律 (Hooke law)(图 1.2).

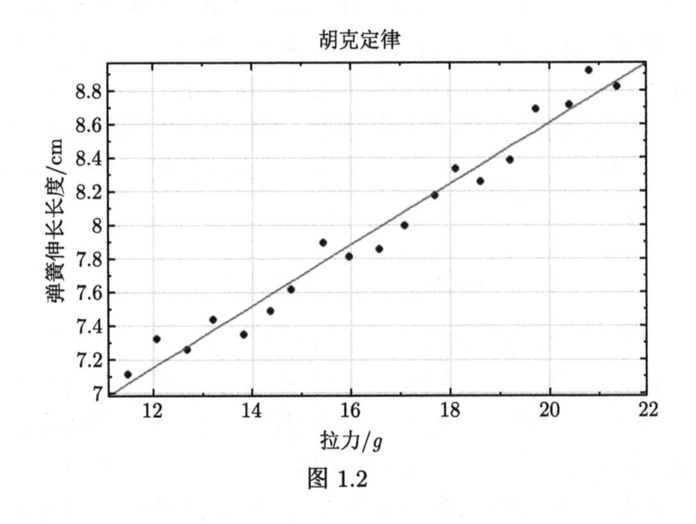

图 1.2

胡克定律是什么? 在 1678 年, 胡克研究了弹簧的拉力和伸长幅度这两个变量之间的函数关系. 他做了很多实验, 每次用一个力拉弹簧, 结果如图 1.2 所示. 其中横轴表示拉力的大小, 纵轴表示弹簧伸长长度. 他做了几百次实验, 得到了几百个数据. 可以把横轴看成 X, 纵轴看成 Y. 大家都知道胡克定律是说拉力和伸长长度是一个线性关系, 这就是一个典型的机器学习问题: 收集了一些数据, 希望去学习数据之间的关系. 但是胡克定律绝不仅是为了拟合已经在实验中观测到的数据, 你希望得到的是一个普适的定律, 当你未来再做这种实验时, 你希望这个定律仍然和你的数据拟合得很好. 物理学几百年来其实一直在做机器学习的问题, 同我今天谈的机器学习没有任何的区别. 只不过对物理学家而言, 机器就是他们自己, 是人. 而今天我们的机器是计算机. 再比如, 开普勒三定律完全是由开普勒本人从大量的天文观测数据中学到的.

我们再来看看深度学习. 深度学习现在是一个非常火热的词. 深度学习描述起来也是极其简单. 刚才我们看到, 在学习的过程当中有一个非常关键的步骤: 我们希望去学习一个函数, 这个函数一定是从某一个空间里面去学的, 而不是对于这个函数不加任何限制, 允许这个函数可以从所有的函数中去取. 刚才举的胡克定律的例子里, 发现胡克定律可以分成两步: 第一步是胡克从数据中推断出拉力和伸长长度是一个线性关系; 第二步是确定了线性关系之后, 去求线性函数的系数. 第一步实际上是在确定这个函数是从什么空间里去选取. 刚才说的线性就是说, 我确定了从一个线性函数空间里去选取函数. 第二步从空间里去找. 为什么从线性空间里去找? 物理学家没有一个很严格的理论, 没有一个系统的方法, 去告诉大家, 当看到这样数据的时候, 为什么要选线性关系. 为什么不能选多项式呢? 比如说如果我已经做了 100 次实验, 有 100 个数据, 我选 99 次多项式, 完全可以没有误差地拟合实验数据. 为什么不选 99 次多项式, 而是选择线性关系? 开普勒的例子也一样, 开普勒得到的三定律对于观测到的数据来说都处于近似的关系. 为什么不选择一个能够完全拟合自己观测到的数据的模型? 这里面有机器学习非常本质的问题.

回到深度学习. 刚才我们说要从函数空间中进行学习, 深度学习实际上是给了函数空间对一个很好的模型. 在讲深度学习之前, 首先我们讲讲深度神经网络, 深度学习是以深度神经网络作为它的模型. 什么是神经网络? 我们首先看一看神经网络的基本单元: 神经元是什么样的.

图 1.3 是一个神经元的数学表示. 神经元的输入是 x^1 到 x^m. 这些输入被 w^1 到 w^m 加权, 这些是神经元的自有参数, 是学习过程中要学出来的参数. W 和 X 进行作用之后, 要经过一个非线性的处理, 这个非线性的函数如果用公式来写就是这样:

$$\mathrm{ReLU}\left(x\right)=\max\left(0,x\right),$$

这个函数叫做 ReLU, 这是一个非常简单的函数. 如果自变量大于零, 那么这个函数的值是它自身; 如果自变量小于零, 那么这个函数的值就是 0. 这就是神经网络的一个基本单元——神经元对于输入向量的函数作用. 把大量这样的神经元组合到一起, 就成了深度神经网络.

这就是一个很小的网络, 最左边是神经网络的输入, 后面的每个圆圈都是一个神经元. 这样的网络分内部结构, 我们把第一层叫做输入层, 第二层叫做第一个隐含层, 第三层叫做第二个隐含层, 最后一层叫做输出层. 每一个神经元对前面一行的神经元的输出的作用都如同之前讲的一样. 如果用一个很简明的方式来写, 比

如 X 表示输入, W 是所有这些神经元权重的矩阵形式, 那么整个神经网络的函数可以写成一个很简单的形式 (图 1.4).

$$f(x)$$

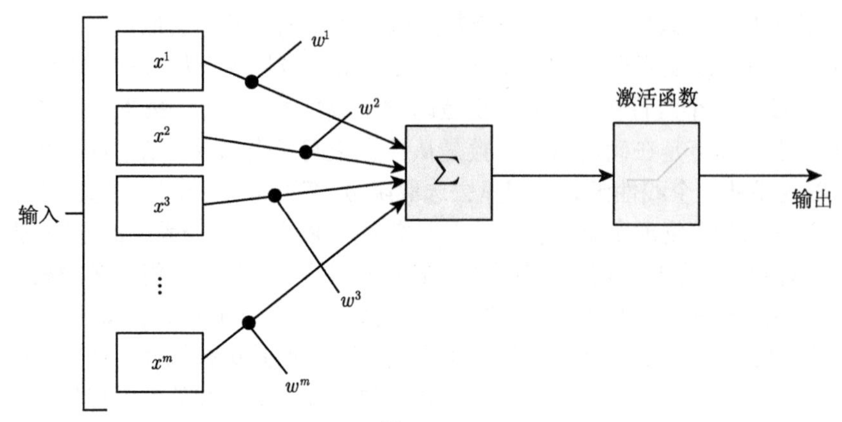

图 1.3

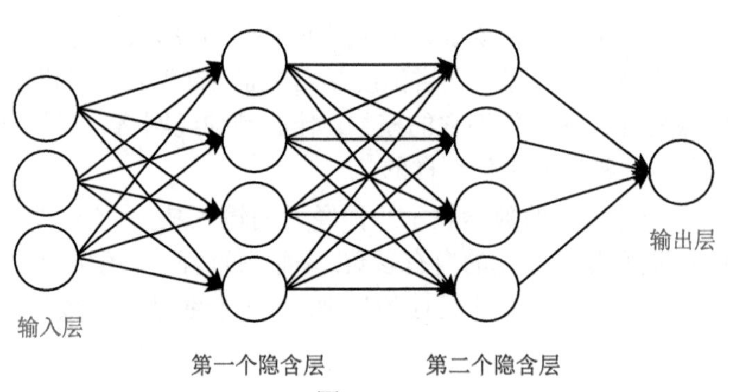

图 1.4

这个形式有一个特点：同我们经常看到的函数有一点不太一样, 它是大量函数的复合. 过去在机器学习或者其他的一些领域, 大家分析的函数通常是用一些基函数 (basis function), 把一个函数表示为基函数的线性组合. 而神经网络的基本操作是函数的复合. 如果网络有 100 层, 那就是这种简单函数的复合进行 100 次. 这种函数复合和之前我们常见的一些函数是极其不一样的. 这个也是今天深度学习很多本质问题里面最需要 "啃" 的 "硬骨头"：这种多级的复合函数, 它的一些本质的性质到底是什么？我们用什么样的数学工具来研究它？这是未来非常重要的一个研究问题.

这是一个最简单、最基本的神经网络. 由于这个神经网络任何一个上一层神经元和下一层的神经元之间都有边的连接, 我们把它叫做一个全连接. 在真实的机器学习使用中, 还有一些其他的网络结构, 例如卷积神经网络 (convolutional neural network, CNN) 和循环神经网络 (recurrent neural network, RNN), 如图 1.5 所示.

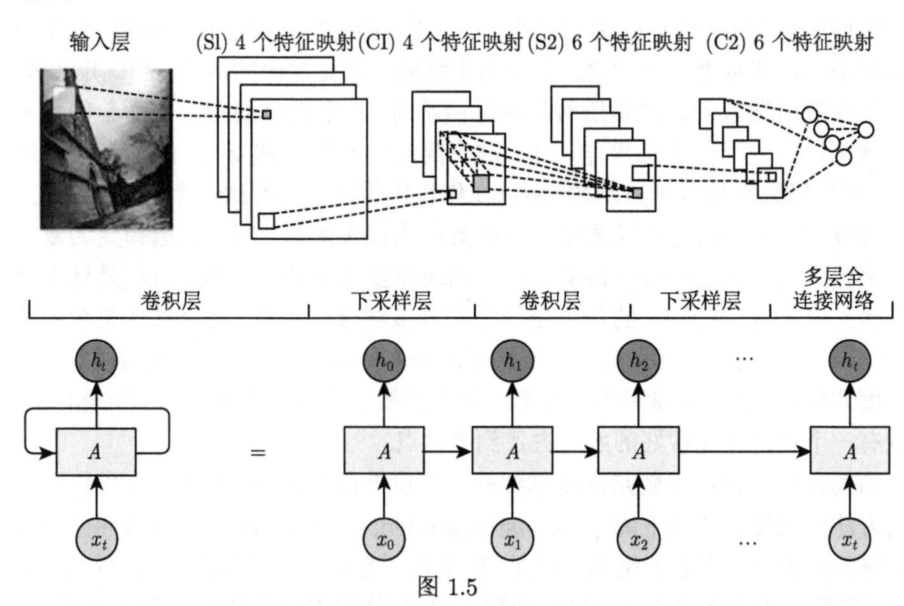

图 1.5

简单地介绍一下卷积神经网络. 卷积神经网络是说, 和全连接的网络相比, 它的连接是稀疏的. 在图 1.6 中, 黄色的方块代表它还会连接到下一层神经网络.

图像

1 $_{\times 1}$	1 $_{\times 0}$	1 $_{\times 1}$	0	0
0 $_{\times 0}$	1 $_{\times 1}$	1 $_{\times 0}$	1	0
0 $_{\times 1}$	0 $_{\times 0}$	1 $_{\times 1}$	1	1
0	0	1	1	0
0	1	1	0	0

卷积特征

4		

图 1.6

它是稀疏的, 有很多边是没有的, 并且有很多边的权重是要保持一致的. 卷积神经网络是今天最常用的一种形式.

刚才讲的是深度神经网络模型. 用数学语言来说, 我们在某种意义上是在学习函数, 这个函数的空间是什么样的, 这个函数的基本结构是什么样子. 对于神经网络来讲, 有了这个结构之后, 我们要学的网络的自由参数, 就是边的权重. 有了这个结构之后, 下一个我们要讨论的问题就是优化问题. 刚才我们说, 由于在机器学习的时候你所拥有的信息是训练数据, 也就是由人准备的一些 X 和 Y 的组合的. 由于现在仅有的信息就是这样的一些数据, 如果想学习出这个函数, 最常见的方法就是在这些数据上做拟合. 例如刚才我提到胡克定律的例子. 当确定了模型, 或者说函数所选取的范围是所有的线性函数时, 接下来只要做一个简单的最小二乘法就可以了. 当然在深度学习上, 这个问题会变得非常复杂, 因为在胡克定律里面, 用的损失函数是平方函数, 所以在作优化的时候能得到一个解析表达式. 但是在深度学习里, 我们可以选择平方函数作为损失函数, 也可以选择更为复杂的交叉熵损失 (cross entropy loss). 注意到现在要优化的自变量是 w, 是这个函数的参数. 由于 f 对于 w 的作用是一个非常多层级的复合, 所以虽然整个函数是 $y-f(wx)$ 的平方, 看上去是一个非常好的平方函数, 但是作为 w 的函数, 它是一个高度非线性, 而且高度非凸的函数. 这个函数是极其复杂的. 当作优化的时候, 也没有一个理论上非常好的办法去找到最优点.

当要优化的目标函数是高度非线性、高度非凸的函数, 怎么来作优化呢? 常用的方法叫做随机梯度下降 (stochastic gradient descent, SGD). 什么叫做随机梯度下降? 我想可能大家特别熟悉的是, 如果我要想对一个函数作优化, 可以用梯度下降. 梯度下降非常简单：对目标函数求导, 每次沿着导数的方向走一段路程.

$$\text{梯度下降: } w_{t+1}=w_t-\frac{\eta}{n}\sum\nabla l\left(w_t;x_i,y_i\right).$$

刚才要优化的目标函数是对在每一个训练数据上的损失函数求和, 这是我要优化的目标函数. 要用梯度下降就是对目标函数求一个导数. 当然对于这样的高度非凸的函数, 如果用梯度下降方法, 显然从理论上, 一般只能保证找到一个驻点, 甚至不能保证找到一个局部极小值点. 随机梯度下降和刚才的梯度下降不一样, 因为机器学习的优化问题有特殊性, 就是梯度是由损失函数在每一个数据点上面对 w 的梯度之和构成的. 如果在求梯度的时候, 不是把所有的训练数据的梯度都算进去, 而是只抽取一个训练数据, 在这上面求一个梯度, 把这个梯度作为整体梯度的近似, 用这个近似的梯度来做迭代, 就叫随机梯度下降.

随机梯度下降: $w_{t+1}=w_t-\eta\nabla l\left(w_t;x_{i_t},y_{i_t}\right)$, 其中 i_t 一致属于 $\{1,\cdots,n\}$, 这个数据是从所有的训练数据里面抽取的. 它的优点很明显, 就是计算量要比梯度下降少很多, 因为只需要在一个 (x_{i_t},y_{i_t}) 上求梯度, 而梯度下降需要对所有的 (x_i,y_i) 全部求梯度才行. 其实随机梯度下降最开始是出于计算量小的考虑提出来的, 但是实际上这个算法有其他一些对于机器学习而言非常好的性质.

总结一下, 对于机器学习深度学习而言, 我把它总结为三个重要的成分. 第一个成分就是网络的结构, 也就是说我们学习这个函数究竟从一个什么空间里学习. 我们是从深度神经网络空间里面去学习例如卷积神经网络这样的结构. 第二个成分是优化. 当你获取了一定数量的数据, 确定了你要用的模型结构的时候, 你要去作优化来使得训练误差尽可能小. 这里的问题在于, 由于是非凸的函数, 所以要设计新的优化方法. 第三个成分是我在最开始提到的: 机器学习之所以不是优化这个领域的分支, 就在于我们不是只为了在训练数据上获得一个最小的损失. 我们真正的目的是希望在未来的, 你目前还没有看到的测试数据上能够有一个很好的效果. 学出来的函数对测试数据能够有一个非常准确的预测, 那这个学习才能算是成功的. 在机器学习里这叫做泛化. 泛化的能力是机器学习深度学习第三个非常核心的内容.

接下来我想在第二部分和大家分享一下, 从我自己的角度去看, 我觉得在今天深度学习这个领域里面最重要的几个公开问题. 这几个公开问题都是非常基础的问题, 有很多很多的, 无论是做机器学习理论的学者, 还是在数学领域的数学家, 大家都在关注的问题.

第一个问题就是泛化. 泛化一直以来都是机器学习理论里面的一个核心的内容. 泛化简而言之, 就是在机器学习过程中, 算法只能在训练数据上做操作、作优化, 但是真正衡量这个算法学出来的函数好不好, 不是取决于这个函数在训练数据上测性能, 而是在还没有看到的未来的测试数据上看. 所以对机器学习而言, 很重要的一点是我们要学的函数, 绝不仅仅是拟合已有的训练数据. 我们希望他去拟合还没有看到的测试数据. 因此这绝不是一个记忆的过程.

我们想一下刚才提到的胡克定律的例子. 假如说胡克在当年做了 100 次实验得到了 100 个数据, 他为什么不选取一个 99 阶多项式, 这 99 阶多项式很容易去把 100 个点没有任何误差地拟合好. 他为什么选择一个线性模型？这就是考虑了泛化的问题. 因为如果用 99 阶多项式, 由于 99 阶多项式有 100 个自由参数, 拟合 100 个数据点, 显然可以得到一个没有错误的结果. 而在机器学习里, 一个很重要的要避免的问题叫做过拟合. 我刚才举了 99 阶多项式, 去拟合 100 个数据点, 这就是一个典型的过拟合. 这个模型它的自由参数太多了, 尽管它能够非常好地把你已经观察到的训练数据拟合得很好, 但是从直觉上, 这样学出来的函数, 在未来的新的数据上, 它不会表现得很好.

这里是一个分类的例子. 蓝颜色的是一类, 红颜色的是一类 (图 1.7). 这都是我们训练的数据, 已有的数据. 一种方法是我们可以学一个非常平滑的分类曲线, 这个平滑的分类曲线可能会引入一部分训练数据上的误差; 还可以学特别特别复杂的拐来拐去的这样一个曲线, 它在训练数据上可以达到 100%的正确, 但是很显然这样一个复杂的曲线, 它对未来数据不会有特别好的效果. 这是关于过拟合的问题, 通常来自模型的自由参数的数量太大. 和已有训练数据的数量相比, 参数数量如果过大的话, 模型就会太过于拟合到训练数据, 而失去了对未来新数据上的泛化. 这是一个比较容易理解的问题.

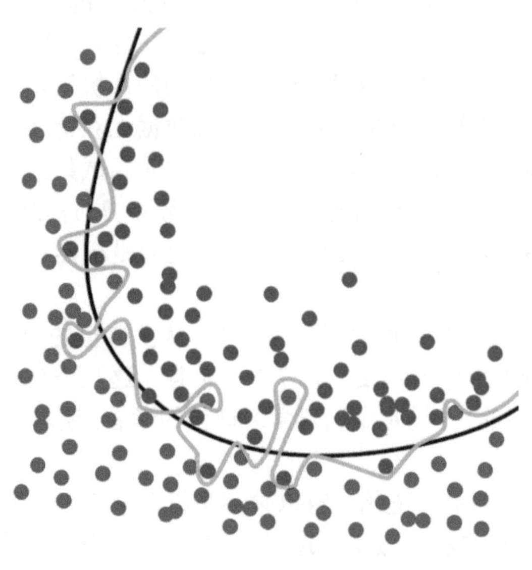

图 1.7

我们来看一下过拟合问题在深度学习里面是什么情况. 对于深度学习而言, 我们所用的深度神经网络模型, 它的复杂程度是极高的, 在今天即使是最常用的深度神经网络, 或者最常见的数据集, 它的参数的个数也远大于训练数据的个数. 这一点和过拟合是很矛盾的. 通常来说, 要想有泛化的能力, 想在新数据上能够表现得好的话, 模型的自由参数个数应该远远少于训练数据的个数才对. 但是对于深度学习其实是截然相反的, 参数个数通常是在几百万, 甚至上千万的量级. 而训练数据即使在最多的情况下也不过是几十万、几百万, 可能会差数十倍的数量级. 在这样的情况下, 大家可能会认为, 深度神经网络一定会非常容易出现过拟合, 也就是说学到一个深度神经网络, 它的表现会非常好, 但是对未来的数据可能会表现得不好. 但是事实是截然相反的, 几乎绝大部分正常的数据集, 正常的深度神经网络上, 大家发现, 深度神经网络的泛化能力相当好. 尽管它的自由参数个数比数据的个数可能大数十倍, 但是没有出现过拟合, 这是科学家非常不能理解的. 但是不是深度神经网络就永远不会过拟合呢? 经过比较深入的研究发现, 其实也不是这样的. 比如说去年机器学习领域有个比较著名的会议 ICLR, 这个会议的最佳论文奖颁发给了这样一篇论文. 这个论文的题目很有意思, *Understanding deep learning requires rethinking generalization.* 这篇论文没有提出任何一个理论, 没有证明任何一个定理, 也没有提任何一个机器学习的算法. 通篇论文就是在用非常翔实的实验说明今天的深度学习, 它的实验中的各种现象和之前所有的机器学习理论都是不吻合的. 之前所有的机器学习理论都不能解释今天深度学习比较好的泛化能力. 当然他们也做了一些更深入的研究, 并不是在所有的情况下都具有很好的泛化的能力. 在某些情况下, 其实也有问题. 所以第一个问题是如何解释对于深度网络, 当它的自由参数甚至比训练数据大一个数量级的时候, 它还能够通常会有很好的泛化的能力, 而没有出现过拟合, 怎么样从数学上能够得出一个令人满意的理论.

第二个问题是关于深度学习里面的优化. 前面已经说了对于深度学习来讲, 它要去优化的目标函数是一个高度非凸的函数. 虽然函数的形式是非常简单的非线性函数的复合, 但是在优化的时候这个目标函数是高度非凸的. 那么如何去学出这样一个深度神经网络的自由参数是一个很大的问题. 但是我要和大家一起分享的是另一个问题, 就是大家通过实验发现的非常奇特的现象. 前面说了, 如果优化的目标函数是高度非凸的, 优化的时候会非常容易取到一些局部极小值点, 或者在更坏的情况下, 找到的甚至都不是一个局部极小值点. 但是大量的实验发现, 在非常常用的数据集上, 几乎总会优化到一个接近全局最优的点. 从任何一个初始点, 用随机梯度下降这样的方法, 我都会学到一个损失函数在训练数据上几乎接近于零的点. 这也就意味着无论从哪里开始, 用随机梯度下降都找到了一个非常接近全局最优的点. 这是非常令人难以理解的：这样一个高度非凸的函数, 为什么总能找到一个接近全局最优的点呢？所以第二个问题就是, 为什么梯度下降和随机梯度下降总能够收敛到很接近全局最优的点, 尽管目标函数是高度非凸的. 我们要优化的是网络参数. 这个网络的自由参数的个数可能是几百万或几千万甚至更高的一个量级, 所以我现在总是在一个高维空间里面作优化. 这不是一个低维的优化问题, 绝不是之前经典的优化理论可以解释的问题.

第三个问题我们从函数逼近论的角度来谈一谈深度神经网络. 在机器学习中通常大家用表达能力这样一个词. 前面说到深度神经网络本质上就是一个函数, 如果写出来就是一个很简单的一些非线性函数的复合构成的一族函数. 当这个网络的连接权重是可以自由变化时, 这就是一个函数空间. 这个函数空间究竟有多丰富, 是不是任何一个函数都可以用这个函数空间里面的一个函数去逼近？这是从函数逼近论的角度大家最关心的一个问题. 在 1989 年左右, 在深度学习还没有完全出现的时候, 就已经有很多人去研究用神经网络来做函数逼近. 比如很著名的一个结果叫做全局逼近定理 (universal approximation theorem). 它的内容是：如果一个神经网络有两层深, 严格一点说, 只要网络有一个隐藏层, 那么对于任何一个连续函数, 都可以找到一个深度为 2 的网络, 使得存在一个合适的权重, 用这个深度为 2 的网络就可以逼近任何一个连续函数. 用数学的语言来讲, 有很多完备的函数空间, 使得对于任何一个函数都可以从函数空间里面找到一个近似的函数. 这个定理实际上就是说, 两层深的神经网络构成的空间是完备的. 这是 1989 年就知道的结论. 那么在今天我们提出来的新的问题是什么呢? 在今天, 实际的算法和设计当中, 没有任何人会用两层的网络. 大家发现, 网络的深度如果加深, 它的性能要比浅层网络好得多. 特别是从 2002 年深度学习开始使用之后, 网络的深度与日俱增, 今天甚至都可以用上千层深度的网络, 没有任何人用两层的网络. 而且通过大量的实验发现, 深网络就是比浅网络的效果要好. 能不能从函数逼近的角度去看一看, 为什么网络层数加深以后, 它的效果会好得多? 一个可能的研究切入点是, 虽然有两层网络的全局逼近定理, 但是其实它有个弱点, 就是当逼近一个函数时, 这个两层深的网络所包含的神经元的个数是非常多的. 形象地说, 虽然这个网络很浅, 但是它非常非常的宽, 因为它有大量的神经元. 如果我们用层数比较深的神经网络逼近同样一个函数, 有没有可能在所需要的神经元个数上相对于浅层网络会大大地减少. 我们把它叫做表达能力, 所以这是一个从网络的表达能力、从函数逼近的角度去看待这个问题, 去分析网络层数究竟起着一个什么作用. 要想研究神经网络的逼近能力, 需要对这种简单函数的多级复合构成的函数有一个很深入的认识. 这种函数在之前的数学研究当中应该是比较少的. 我们对这类函数缺乏比较深的认识. 在这方面如果能有比较深刻的工作, 可能对于未来深度学习设计更好的模型、更好的网络会有很重要的作用.

上面三个问题就是我认为在今天深度学习里面非常重要的问题. 我认为这里面每一个问题, 要想把它解决, 一定要用更深入的数学工具、数学方法. 总结一下这三个问题: 第一个问题是, 在参数远远大于训练数据样本个数的情况下, 为什么还有比较好的泛化能力; 第二个问题是, 对于这样高度非凸的函数, 为什么在深度学习里面, 从任意一个初始化开始, 用随机梯度下降会找到一个非常非常接近全局最优的点; 第三个问题是, 从函数逼近的角度, 这种深层的网络, 高度的函数复合, 相比浅层网络究竟带来什么样的好处. 传统研究函数通常是用一种基函数的线性组合来近似表示函数. 这种基函数的线性组合本质上就是两层的浅网络. 这就是深网络和浅网络的差异, 给我们提供了一类新的函数类型. 这一类函数可能有一些意想不到的好的性质.

接下来我非常简略地介绍一下, 针对这几个问题, 目前机器学习领域的学者, 以及数学的和物理学界的一些学者所做的工作. 但是必须承认, 这三个问题, 特别是后两个, 目前还没有太多的进展. 第一个问题我认为有一点点进展, 所以我比较简单地介绍一下.

首先是关于泛化的问题. 在参数化情况下, 为什么有泛化? 关于这个问题传统的机器学习理论也是完全不能解释的. 传统的机器学习理论是从定量的角度给出, 要想能有泛化的能力, 模型的自由参数的个数, 或者抽象地说是模型所使用的函数空间的容量的度量, 要远远小于训练数据的个数. 过去有很多这样的度量, 例如 VC 理论 (Vapnik-Chervonenkis theory) 等.

$$R(w) \leqslant R_n(w) + \sqrt{\frac{\text{Capacity Measure}}{n}}.$$

经典的机器学习理论是说, 泛化的能力, 也就是在未来还没有看到的新的数据上的错误率, 其实是由上式中训练的错误率再加上第二项决定的. 其中 n 就是训练数据的个数, Capacity Measure 是模型的复杂度, 可以理解成模型的参数的个数. 当参数个数远远大于训练样本数的时候, 错误率的上界就会大于 1. 所以传统的机器学习理论完全不能解释深度学习的泛化能力.

最近两三年, 大家逐渐发现, 为什么深度学习有可能在过参数化的情况下有很好的泛化能力呢？其原因可能是你使用的优化算法是随机梯度下降. 随机梯度下降本来是为了简化计算, 节约计算量提出来的一个简单的算法. 但是实际上它恰好起到了一个能够帮助泛化的作用.

我先简单地说一下为什么随机梯度下降可能有泛化的能力. 与梯度下降相比, 如果没有随机性, 用梯度下降去作优化是没有泛化的能力, 在实验中也大量地验证了这一点. 如果用梯度下降作优化, 得到的结果也有可能在训练数据上表现得很好, 但是在新的数据上可能表现得非常差. 但是如果用随机梯度下降, 在未来的数据上可能表现得很好. 其原因就是在优化的过程中引入了随机性, 这个随机性使得学出来的结果有很大的稳定性, 能够使得它有泛化能力. 这是人们在机器学习理论领域里面, 对随机梯度下降直觉上的认识.

在 2015 年左右, 科学家首先证明了, 如果优化的目标函数是凸函数, 使用随机梯度下降确实会使得学习结果有很好的泛化能力. 这是一个当时大家觉得非常有意思的结果. 但是这个结果的方法不能推广到非凸函数. 这个结果是非常弱的, 几乎是没有任何意义的. 但是我们知道, 今天深度学习中优化的目标函数全部是高度非凸的. 我和我的学生也做了一些工作, 就是试图去研究目标函数是高度非凸的时候, 用随机梯度下降这个方法, 是不是也能保证很好的泛化的能力？我们得到了一些部分的结果. 我们目前还不能证明用深度学习里面真正大家常用的随机梯度下降能有什么好的泛化的效果. 但是我们可以证明, 如果我们用了这个算法的一个变种, 叫做随机梯度朗之万动力学 (stochastic gradient Langevin dynamics, SGLD), 它可以有很好的泛化的能力. 那什么是随机梯度朗之万动力学？其实就是在之前和大家提到的随机梯度下降算法的基础上, 在每次迭代的时候增加一个高斯噪声.

$$w_{t+1}=w_t-\eta\nabla l\left(w_t;x_{i_t},y_{i_t}\right)+\sqrt{\frac{2\eta}{\beta}}z_t,\quad z_t\sim\mathcal{N}\left(0,I_d\right).$$

有了这个之后, 从数学上对这个算法的分析就变得可以入手了. 因为比如说我把刚才的算法连续化, 即不是从离散时间的角度来考虑, 而是让迭代的步长接近于零的话, 这个离散的算法就变成了一个随机过程, 而这个随机过程就可以用一个非常好的随机微分方程写出来, 写成这样一个形式:

$$dW\left(t\right)=-\nabla F\left(W\left(t\right)\right)dt+\sqrt{\frac{2}{\beta}}dB\left(t\right).$$

这个随机微分方程叫做朗之万动力学 (Langevin dynamics), 在物理中非常非常有名. 这是在 20 世纪初, 由朗之万 (Langevin) 提出的. 他是非常著名的物理学家, 是居里先生的学生, 居里夫人的挚友. 朗之万研究了当流体中不仅有布朗运动, 还有一些其他的力的作用的话, 这个流体就可以写成这样的方程.

既然能写成这么好的随机微分方程, 我们就去研究这样的一个看成连续时间的理想化的算法. 研究这个算法的泛化, 就可以得到一些比较好的结果.

我稍微强调一点, 我们并没有停留在这个理想化的连续时间的随机过程. 实际上研究这个随机过程时给我们一些启示, 告诉我们可能怎么处理我们真正想研究的离散时间的算法的问题. 所以和一些经典的数学、物理里面的研究不同, 我们研究的是非渐近的结论. 我们研究的时间是离散化的, 并不研究最后极限的效果, 我们研究的是有限时间的效果. 当我运行一个算法的时候, 其实不关心这个运算一万年以后是不是有效, 我关心这个算法运算三个小时以后是不是有效, 一定要研究有限时间内的效果.

在一些对于损失函数的较弱的条件下, SGLD 在第 N 个回合的范化误差满足

$$E\left[l\left(w_S,z\right)\right]-E_S\left[l\left(w_S,z\right)\right]\leqslant O\left(\frac{1}{n}\left(k_0+L\sqrt{\beta\sum_{k=k_0+1}^{N}\eta_k}\right)\right),$$

其中 L 是 Lipschitz 常数, $k_0:=\min\{k:\eta_k\beta L^2<1\}$.

这是我们得到的一些结果. 这个结果大致是说, 当你用随机梯度朗之万动力学这个算法, 只要计算的时间不是特别长, 在一个合理的时间内, 就会有一个很好的泛化的效果. 无论你这个模型的参数的个数和训练数据的个数相比, 究竟大多少还是小多少, 都没有关系, 最后结果只和训练过程迭代的步数有一定的关系.

再简单说一下优化的问题. 优化的问题是, 为什么对于一个高度非凸的目标函数, 从任意一个初始化出发, 使用梯度下降和随机梯度下降都能找到一个很接近全局最优的点? 有很多人对此进行了研究, 也正式地提出了一些公开问题. 有人借鉴了在数学物理中的一些工作, 比如说 2010 年, 有人去研究球面自旋玻璃模型 (spherical spin-glass model), 证明了这样的模型有一个很好的性质. 对这样的一个模型, 他可以研究其所有的驻点的性质. 对于一个驻点, 我们可以去考虑黑塞矩阵 (Hessian matrix), 把这个黑塞矩阵对应的特征值中小于零的特征值的个数, 叫做这个驻点的指标 (index). 他们证明了一个渐近的结果: 当维数趋于正无穷时, 如果能量很大的话, 那么依高概率, 指数也会很大. 大家知道, 如果指数不等于零, 也就是说黑塞矩阵有负的特征值, 说明这个点或者是一个局部极大值点, 或者是一个鞍点, 它绝不是一个局部极小值点. 它的结果是说, 如果能量越大, 那么以高概率, 指数越大. 如果指数小, 这个指数最后如果要变成零, 那么能量一定是非常非常小. 这样一个能量和指数之间的关系, 从另外一个角度意味着什么? 意味着对球面自旋玻璃模型, 如果是一个局部极小值点, 那么以高概率, 它在能量的意义上一定是非常接近全局最小值点的. 因为一个局部极小值点的指数为零, 所以它的能量一定非常小, 接近全局最小值点. 这是物理学的一些工作, 这个其实跟深度学习没有任何直接的关系, 不过有人试图去建立一些连接. 但是大家的共识是, 这种连接其实还是比较遥远的, 带有很多不现实的假设.

还有很多人在这里面做了一些工作. 他们去研究一些特别简单的问题, 比如说他们去研究两层的神经网络. 两层的神经网络大家完全可以得到一些解析表达式, 然后通过一些研究会发现, 如果这个网络是两层的, 当输入的数据满足一些性质的时候, 所有的局部极小值点全部都是全局极小值点. 当然这些工作还是比较初等的, 因为这些方法很难推广到三层或者更深层的网络. 要想推广到更深层的网络, 从我个人的角度来看, 其实就需要新的工具, 用初等数学应该是很难的.

最后再提一下表达能力, 为什么深网络在实际工作中比浅网络效果好得多? 能不能从函数逼近论的角度来看? 前面提到 20 世纪 80 年代末期已经有人证明了相关的一些定理叫做全局逼近定理. 两层网络已经可以逼近任何一个连续函数. 我们其实也做了一些相关的工作. 我们证明了, 如果限制网络的宽度只能比输入维数大一点点, 但是允许这个网络层次可以更加深, 它也是一个全局逼近器 (universal approximator). 并且大家可以沿着这个思路去研究, 当去逼近一个函数时, 你所需要的神经元个数到底是在深网络情况下更少还是浅网络更少. 当然我没有解决这个问题, 这个显然还需要新的工具去深入地研究.

最后我来总结一下. 今天的深度学习, 在实际应用中取得的成功应该是大家毋庸置疑的. 也许在一些行业里面, 比如说医疗, 比如说无人驾驶, 也比如再过十年之后, 我们可能发现一些领域由于深度学习的技术的发展, 发生翻天覆地的变化. 但是今天和实际应用的成功形成鲜明对照的是, 我们对于深度学习的理论其实所知甚少. 我们缺乏理解与认识. 现在一个亟待解决的问题就是, 我们能不能有深入的工作, 在刚才提到的这样几个问题上, 给大家有更多的理解.

最后我展望一下未来机器学习会怎么样. 这个展望不是在应用的角度上展望, 我是想和大家稍微探讨一下, 机器学习对科学、对数学的未来会有什么影响. 机器学习有没有可能在数学本身中找到应用呢？特别是有没有可能在定理的自动证明中找到应用呢？去年我花了好几个月的时间去考虑这个问题, 也做了很多的调研. 大家知道定理的自动证明相关的研究, 从 20 世纪 30 年代哥德尔的一系列工作之后, 一直开展得如火如荼. 到了今天, 我觉得大概从十几年前, 定理自动证明的很多工作都开始使用机器学习的工具. 大家可能知道, 吴文俊先生做了非常了不起的工作. 我们这里谈的定理的机器证明, 可能是在一个更一般的范围内去谈, 不是在具体某一个领域里面去谈. 比如说大家知道, 如果是一阶逻辑的话, 只要命题是真的, 那么一定存在一个证明. 当然如果你的命题是假的可能就不存在了. 换句话说, 如果是真命题, 从理论上来讲, 即使用最笨的方法穷尽搜索, 也一定可以搜出一个证明来. 找证明在某种意义上应该是一个机械的事情. 但是这里面最大的问题就在于效率, 怎么样去做呢？定理的机器证明就是想用机器学习的方法. 最简单地说, 现在有一个要证明的定理, 我已经在数学的历史上证明了几百万个定理, 顺着这几百万个定理去找, 哪些定理对我要证明这个定理最有帮助？而这个问题可以通过机器学习的方法去解决. 因为假如我能够把人类历史上所有的数学文献变成一种机器可以读的模式, 那机器看了人类历史上所有的数学证明之后, 难道它不能学出一种要证明这样一个定理, 需要去拿什么样的定理作为证明过程中的一些关键的步骤吗？基本思路是这样, 这方面其实也做了一些工作. 当然必须承认, 我对这个领域做了几个月的研究, 我的结论是, 这件事情在未来几十年中应该是极其渺茫的, 几乎是不可能的, 但是如果放眼更长远一点, 一百年以后会不会出现这样的事情, 我就不得而知了.

2 复动力系统

王跃飞[①]

本文将围绕复动力系统，就发展概貌、基本概念、主要性质、重要进展和发展态势等几个方面做一个简要介绍.

2.1 发展概貌

复动力系统是研究复流形上全纯映射迭代生成的动力系统的演化性态，是目前国际上十分活跃的研究方向之一. 复动力系统开始于 1920 年左右 Fatou 和 Julia 等的研究，自 20 世纪 80 年代以来，出现了很多突破性的进展，形成了新的研究高潮，成为国际热点研究方向. 特别是 20 世纪 80 年代著名数学家 Milnor (Fields 奖得主), Sullivan (Abel 奖得主), Thurston (Fields 奖得主) 等引进了拓扑和几何的方法，Mandelbrot 引进了计算机技术等极大地推进了复动力系统的迅猛发展. Yoccoz 和 McMullen 分别在 1994 年和 1998 年获得了 Fields 奖; 由于在随机 Loewner 演化 (stochastic Loewner evolution, SLE) 的杰出工作，Werner 和 Smirnov 分别于 2006 年和 2010 年获得了 Fields 奖; 在 2014 年国家数学家大会上又有两位有关复分析与动力系统的数学家：Mirzakhani 由于在黎曼面及其模空间的几何和动力系统方面的工作和 Avila 由于在动力系统方面的工作而获得 Fields 奖. Rees、McMullen、Lyubich、Shishikura、van Strein、Smillie、Yoccoz、Eremenko、Bonk、沈维孝、Buff、Cheritat 等这一领域的数学家先后在最近多届国际数学家大会上作大会或邀请报告. 复动力系统与许多其他分支学科如分析、几何拓扑、Klein 群理论、拟共形映射和 Teichmuller 空间理论、值分布论、实动力系统、低维流形、遍历论及分形几何和计算机技术有着紧密联系，是一个极具综合性和交叉性的研究方向.

复动力系统的理论和方法在代数动力系统和算术动力系统等热点研究方向上得到较为充分地结合和运用; 共形几何、动力系统与随机分析的结合，产生了随机 Loenwer 演化 (SLE) 这个新的、重要的交叉研究方向，并在统计物理中得到一系

① 中国科学院数学与系统科学研究院 (深圳大学).

列非常重要的应用. 此外, Mandelbrot 等在关于复二次多项式的研究中, 引入并形成了分形几何这一个新方向.

2.2 基本概念

定义 2.2.1 *若一个半群 G 作用在一个相空间 X 上, 则称 (X,G) 是一个离散动力系统.*

通常 X 是一个具有某种结构的空间, 而 G 是 X 上保持这个结构的一个给定映射 f 迭代 $\{f, f^2, f^3, \cdots, f^n, \cdots\}$ 所生成. 所以也称 (X,f) 是一个**离散动力系统**. 几类最典型的离散动力系统主要包括: 连续映射作用在拓扑空间上之**拓扑动力系统**; 保测度映射作用在可测空间上之**可测动力系统**; 光滑映射作用在微分流形上**微分动力系统**等. 我们这里主要介绍全纯映射作用在具有复结构的复流形上之**复动力系统**, 也称为**全纯动力系统**.

动力系统之**中心问题**: 研究给定系统 $\{f, f^2, f^3, \cdots, f^n, \cdots\}$ 的演化性态. 具体来说, 如果给了这个相空间的一点 x, 如何刻画其**轨道** $\{f(x), f^2(x), f^3(x), \cdots, f^n(x), \cdots\}$ 的变化? 空间的点 x 变化时, 如何刻画其相应轨道的变化? 映射变化时, 如何刻画相应动力系统结构的变化? 近几十年的研究表明, 在一维复动力系统上的研究中, 确实得到了许多有异于其他动力系统的深刻和漂亮的结果. 一维复流形一致化分类定理, 使得人们只需要研究几类最简单空间上的动力系统.

定理 2.2.1 (一致化定理) *一维复流形共性等价于下述三类空间:*

(1) *黎曼球面 $\bar{\mathbb{C}}$;*

(2) (2.1) *复平面 $\mathbb{C}$,*

(2.2) *圆柱 $\mathbb{C}^*$,*

(2.3) *环面 $\mathbb{T} = \mathbb{C}/\Gamma$, 这里 Γ 是一个格子;*

(3) *$\mathbb{D}/G$, 这里 $G \subset \mathrm{Aut}(\mathbb{D})$ 是一个无旋 Fuchsian 群, 同构于基本群 $\pi_1(S)$.*

我们分别称 (1), (2) 和 (3) 为**椭圆型 (具有常正 1 高斯曲率)**、**抛物型 (零高斯曲率)** 和**双曲型 (具有常负 1 高斯曲率)**.

经典的 Denoy-Wolff 定理告诉我们, 双曲型空间上的全纯动力系统要么内闭一致收敛到一点, 要么最终为恒等映射, 要么为无理旋转. 而环面上的全纯映射退化为仿射变换. 因此我们只需要考虑下述四类动力系统.

(1) 有理动力系统: $f: \bar{\mathbb{C}} \to \bar{\mathbb{C}}$, f 是一个非线性有理映射;

(2) 超越动力系统: $f: \mathbb{C} \to \mathbb{C}$ (或 $\bar{\mathbb{C}}$), f 是一个非线性超越映射;

(3) 超越动力系统: $f: \mathbb{C}^* \to \mathbb{C}^*$, f 是一个非线性超越映射;

(4) Klein 群: $\bar{\mathbb{C}}$ 上线性映射离散群.

其中 (3) 常常通过提升到 (2) 来考虑和讨论.

定义 2.2.2 (正规性) 若给定函数族 F 在一个区域 D 上是局部等度连续的，则称其在 D 上是正规的; 等价地, F 中任何函数列均在 D 上具有局部一致收敛的子列.

我们有下述十分有用的 Montel 判定定则.

定理 2.2.2 (经典 Montel 定理) 函数族 F 在 D 上是正规的, 如果对所有 $f \in F$ 在 D 上一致有界.

定理 2.2.3 (现代版 Montel 定理) 函数族 F 在 D 上是正规的, 如果对所有 $f \in F$ 有

$$f(D) \subset \bar{\mathbb{C}} \setminus \{a, b, c\},$$

其中 a, b, c 是三个互异的复数.

我们下面定义复动力系统的两个基本研究对象.

定义 2.2.3 **Fatou** 集 $F_f \triangleq \{z \in \bar{\mathbb{C}} : \{f^n\}$ 在 z 的一个邻域内正规$\}$;

Julia 集 $J_f \triangleq \bar{\mathbb{C}} \setminus F_f$.

Fatou 集是开集和稳定集, 而 Julia 集则是闭集和非稳定集, 具有分形和混沌等性质.

2.3 主要性质

在这一节主要介绍 Fatou 集和 Julia 集的一些基本性质. 为了简化讨论起见, 如没有特别指明, 在下面各节中论及的全纯映射, 均是指有理映射.

性质 2.3.1 (1) Julia 集总是非空、紧集和完备集;

(2) Julia 集要么没有内点, 要么是黎曼球面;

(3) Fatou 集和 Julia 集是完全不变的;

(4) Fatou 集有零个或一个或两个或无穷多个连通分支;

(5) Julia 集有一个或不可数多个连通分支.

定义 2.3.1 (周期点) z 称为全纯映射 f 的一个周期点, 如果存在 $n \in \mathbb{N}$, 使得 $f^n(z) = z$. 这样最小的 n 称为周期; $\lambda = (f^n)'(z)$ 称为 f 在 z 点的乘子.

我们对周期点进行分类.

定义 2.3.2 (周期点分类) 如果 z 是全纯映射 f 的一个周期点, 则我们称

(1) z 是吸性周期点, 如果 $|\lambda| < 1$, 此时 $z \in F_f$;

(2) z 是斥性周期点, 如果 $|\lambda| > 1$, 此时 $z \in J_f$;

(3) z 是抛物周期点, 如果 $\lambda = \exp(2\pi i p/q)(p, q \in \mathbb{Z})$, 此时 $z \in J_f$;

(4) z 是 Siegel 点, 如果 $\lambda = \exp(2\pi i\theta)$, θ 为无理数, 而且 $z \in F_f$;

(5) z 是 Cremer 点, 如果 $\lambda = \exp(2\pi i\theta)$, θ 为无理数, 而且 $z \in J_f$.

z 是 Siegel 点的充分必要条件是 f 可以局部线性化; Yoccoz 进一步证明 z 是 Siegel 点的充分必要条件：z 是 Bryuno 数. 关于 Julia 集我们有进一步的刻画.

性质 2.3.2 (Julia 集) (1) Julia 集等同于斥性周期点的闭包;

(2) Julia 集等同于至少有三个点的最小完全不变闭集;

(3) 对 $\forall z \in J_f$, $J_f = \overline{\bigcup_{n\geqslant 0} f^{-n}(z)}$;

(4) $\bigcup_{n\geqslant 0} f^n(U) \supset \bar{\mathbb{C}} \setminus \{a,b\}$, 对 $\forall U \ni z(\in J_f), a, b \in \bar{\mathbb{C}}$.

由于 Fatou 集是开集, 我们可以再对 Fatou 分支进行分类.

定义 2.3.3 (Fatou 分支分类) 如果 U 是全纯映射 f 的一个 Fatou 分支, 则我们称

(1) U 是周期分支, 如果存在 $n \in \mathbb{N}$, 使得 $f^n(U) = U$;

(2) U 是预周期 (或最终) 周期分支, 如果存在 $m \in \mathbb{N}$, 使得 $f^m(U)$ 是周期的;

(3) U 是游荡分支, 如果对 $\forall n, m \in \mathbb{N}$, $f^n(U) \bigcap f^m(U) = \varnothing$.

2.4 重要进展

我们在这一节介绍 20 世纪 80 年代以来有关复动力系统的若干重要进展和成果.

早在 20 世纪 20 年代初, Fatou 和 Julia 就提出了关于 Fatou 分支周期性的著名问题.

问题 2.4.1 (Fatou-Julia 游荡域问题) 全纯映射是否有 Fatou 游荡域?

20 世纪 80 年代初, Sullivan 就此问题取得重大进展, 对所有有理映射给出了完整的回答.

定理 2.4.1 (Sullivan 定理) 有理映射没有 Fatou 游荡域, 即所有 Fatou 分支都是最终周期的.

Sullivan 在证明中主要是运用了拟共形映射和 Teichmuller 空间深刻理论和方法, 尤其是下述重要的存在性定理.

定理 2.4.2 (可测黎曼映照定理) 设 $\mu(z) \in L^\infty(\mathbb{C})$, 且 $\| \mu \|_\infty < 1$. 则存在唯一拟共形映射 $\varphi : \bar{\mathbb{C}} \to \bar{\mathbb{C}}$, 保持 $0, 1, \infty$ 三点不动, 使得对 a.e. $z \in \bar{\mathbb{C}}$,

$$\varphi_{\bar{z}} = \mu \varphi_z.$$

而且 φ 连续且全纯地依赖于 μ.

事实上, 拟共形映射理论和方法已经成为动力系统和拓扑研究中进行形变和手术的强大工具.

注释 2.4.1 关于超越动力系统的游荡域问题:

(1) Baker 在 1976 年就构造出了第一个具有游荡域的超越映射的例子;

(2) Eremenko-Lyubich 和 Goldberg-Keen 在 20 世纪 80 年代分别证明有限型映射没有游荡域;

(3) 对无限型映射, 游荡域存在性仍是一个未完全解决的重要问题.

1985 年另一个非常重要的进展是 Thurston 证明了有关临界有限分歧覆盖的刚性定理, 这里不做具体介绍.

1987 年 Shishikura 进一步发展了拟共形手术的方法, 彻底解决了关于有理映射周期点个数的著名公开问题.

定理 2.4.3 (Shishikura 定理) 阶为 d 的有理映射的非斥性周期点总个数不超过 $2d-2$.

关于 Fatou 周期分支, 我们有相当完整的刻画.

定理 2.4.4 (Fatou 周期分支分类定理) 如果 U 是有理映射 f 的一个周期为 k 的 Fatou 周期分支, 则 U 是

(1) **吸性盘** 对 $\forall z \in U$, 当 $n \to \infty$ 时, f^{kn} 收敛到 U 内一个吸性周期点 z_0;

(2) **抛物盘** 对 $\forall z \in U$, 当 $n \to \infty$ 时, f^{kn} 收敛到 ∂U 上一个抛物周期点 z_0;

(3) **Siegel 圆盘** U 是拓扑圆盘 (单连通), 而 f^k 在其上做无理旋转;

(4) **Herman 环** U 是拓扑圆环 (双连通), 而 f^k 在其上做无理旋转.

注释 2.4.2 超越整函数没有 Herman 环, 但另外有 Baker 周期域和游荡域两个情形.

定义 2.4.1 (临界点) 我们称 $z_0 \in \bar{\mathbb{C}}$ 是全纯映射 f 的一个临界点, 如果 $f'(z_0) = 0$.

临界点在动力系统形态上起到关键作用.

定理 2.4.5 对有理映射 f, 我们有

(1) 吸性盘至少包含一个临界点;

(2) 抛物盘至少包含一个临界点;

(3) Siegel 圆盘的边界包含于某些临界点的闭包中;

(4) Herman 环的边界包含于某些临界点的闭包中.

我们下面讨论两个最为重要的动力系统性质, 即结构稳定性和双曲性. 我们首先需要定义拓扑共轭性.

定义 2.4.2 (拓扑共轭性) 两个映射 f, g 称为是拓扑共轭的, 如果存在一个同胚映射 φ, 使得

$$f \circ \varphi = \varphi \circ g.$$

定义 2.4.3 (结构稳定性) 一个映射 f 称为是结构稳定的, 如果 f 所有附近的映射都是拓扑共轭的.

定义 2.4.4 (双曲性) 称一个全纯映射 f 是双曲的, 如果 f 的所有临界点在迭代下均收敛到若干吸性轨道上.

双曲映射具有许多非常好的动力系统和几何性质.

性质 2.4.1 若 f 是一个双曲映射, 则我们有

(1) $\text{Area}J_f = 0$, 且 $H-\dim J_f < 2$;

(2) 对 $\forall z \notin J_f$, $f^n(z)$ 收敛到有限吸引子;

(3) f 只有吸性和斥性周期轨道;

(4) f 在 J_f 上是扩张和结构稳定的.

结构稳定性和双曲性是十分重要的动力学性质. 相应的两个至关重要的问题是: 在给定映射空间中, 结构稳定或双曲映射是否是稠密的? 对绝大多数动力系统而言, 回答一般是否定的. 即使对二维流形上的微分同胚, 也有例子表明结构稳定或双曲映射不一定是稠密的. 但是在 1984 年, Mane、Sad、Sullivan 三人却对复有理映射动力系统给出了令人吃惊的肯定回答. 这是复动力系统与其他各类动力系统的一个巨大区别.

定理 2.4.6 (Mane-Sad-Sullivan 定理) 结构稳定的有理映射是稠密的.

Mane-Sad-Sullivan 引入了全纯运动 (holomorphic motion) 的概念.

定义 2.4.5 (全纯运动) 设 V 是一个具有基点 0 的连通复流形, E 是 $\bar{\mathbb{C}}$ 的子集, $h: V\times E\to\bar{\mathbb{C}}$ 称为一个全纯运动, 如果满足

(1) $h(0,z)=z, z\in E$;

(2) $h(\cdot,z): V\to\bar{\mathbb{C}}$ 是全纯映射, 对 $\forall z\in E$;

(3) $h(\lambda,\cdot): E\to\bar{\mathbb{C}}$ 是单射, 对 $\forall\lambda\in V$.

其实, 研究 $V=\Delta$ (单位圆) 是最重要的情形. Mane-Sad-Sullivan 首先是通过证明了所谓的“λ-引理”, 进而来证明结构稳定性定理. 我们这里陈述由 Soldkowski 于 1991 年所证明的更加一般的结论.

定理 2.4.7 (λ-引理) 全纯运动 $h(\lambda,z): \Delta\times E\to\bar{\mathbb{C}}$ 总可以扩展为全纯运动 $H(\lambda,z): \Delta\times\bar{\mathbb{C}}\to\bar{\mathbb{C}}$, 而且 $H_\lambda(z)$ 是 $\bar{\mathbb{C}}$ 上的一个拟共形映射, 其极大伸缩商满足

$$K(H_\lambda)\leqslant\frac{1+|\lambda|}{1-|\lambda|}.$$

除了这个十分重要应用外, 全纯运动方法此后还有一系列重要应用, 包括 McMullen 于 1987—1988 年完全解决一般牛顿算法收敛性问题; Astala 于 1994 年完全解决拟共形映射面积变差问题; Smirnov 于 2010 年给出拟圆周的 Hausdorff 维数的精妙估计等.

关于双曲性, 我们陈述复动力系统的中心问题.

问题 2.4.2 (双曲猜想) 双曲有理映射在有理映射空间中是稠密的.

在介绍双曲猜想研究进展前，我们先讨论最简单的非线性动力系统：二次多项式和其模空间 (Mandelbrot 集). 二次多项式总可以通过共轭表示为

$$p_c(z) = z^2 + c, \quad c \in \mathbb{C}.$$

0 是其唯一的临界点. 复多项式动力系统的一个经典结果告诉我们：

性质 2.4.2 (1) 如果 $p_c^n(0) \nrightarrow \infty$, 则 Julia 集 $J_c = J_{p_c}$ 是连通的;

(2) 如果 $p_c^n(0) \to \infty$, 则 Julia 集 J_c 是一个 Cantor 集.

Mandelbrot 在 20 世纪 80 年代研究二次多项式时引入的下述模空间, 我们现在称为 Mandelbrot 集.

定义 2.4.6 (Mandelbrot 集)

$$M = \{c \in \mathbb{C} : J_c \text{ 是连通集}\}.$$

尽管二次多项式是最简单的非线性映射, 但是无论是从数学理论研究上, 还是通过计算机技术的深入运用, 均显示其迭代动力系统和模空间极端复杂. Douady-Hubbard, Sibony 分别证明 Mandelbrot 集是一个连通的紧集. 关于 Mandelbrot 集, 局部连通性是一个尚未完全解决的中心问题.

问题 2.4.3 (局部连通性猜想) Mandelbrot 集是局部连通的.

这个猜想不仅仅是一个十分重要的拓扑问题, 它还蕴含了二次多项式之双曲猜想. 20 世纪 90 年代, 在 Douady 和 Hubbard“外射线”研究方法的基础上, Yoccoz 进一步发展了所谓的“Yoccoz puzzle”方法, 在重整化条件下, 对局部连通性猜想取得了非常重要的突破.

定义 2.4.7 (重整化) 二次多项式 p_c 称为是可重整化的, 如果存在两个单连通域 U, V 和一个 $k \in \mathbb{N}$, 使得

(1) $0 \in U \subseteq V$;

(2) $p_c^k : U \to V$ 是一个阶为 2 的恰当 (proper) 映射;

(3) $p_c^{nk}(0) \in U$, 对 $\forall n > 0$.

粗略来看, 尽管迭代 k 次后, p_c^k 整体阶为 2^k, 但在临界点 0 附近, p_c^k 仍具有二次多项式的性态. Yoccoz 的主要结果可以叙述为：

定理 2.4.8 (Yoccoz 定理) 如果对 $c \in M$, p_c 至多是有限次可重整化的, 则 Mandelbrot 集在 c 点是局部连通的.

Yoccoz 还证明了相应的 Julia 集的局部连通性.

定理 2.4.9 (Yoccoz 定理) 如果对 $c \in M$, p_c 至多是有限次可重整化的, 且 J_c 是连通的, 则 J_c 是局部连通的.

著名的 Feigenbaum 多项式

$$p_{c_F} = z^2 + c_F, \quad c = -1.401155$$

是 2^k-可重整 $(k=1,2,\cdots)$.

Hu 和 Jiang 于 20 世纪 90 年代初首先证明了 p_{c_F} 的 Julia 集是局部连通的, 这是无穷可重整方面的第一个结果. 之后 Lyubich 等在这方面得到更加深入、更加广泛的结果.

关于双曲猜想, McMullen 在 20 世纪 80 年代证明了下述重要结果.

定理 2.4.10 (McMullen 定理) 如果 $U\subset \text{int}(M)$, 且 $U\bigcap\mathbb{R}\neq\varnothing$, 那么 U 是双曲的, 即 $\forall c\in U$, p_c 是双曲的.

之后 Graczyk 和 Swiatek、Lyubich 分别在实二次多项式取得突破.

定理 2.4.11 双曲猜想对所有实二次多项式成立.

2004 年 Kozlovski-Shen-Van Strien 取得重要进展, 完全解决了任意阶的实多项式的情形, 即彻底解决了 Fatou 猜想.

定理 2.4.12 (Kozlovski-Shen-Van Strien 定理) 双曲猜想对所有实多项式成立.

尽管已经取得了这些非常重要的进展, 关于双曲猜想 (即使是对复二次多项式) 和局部连通性猜想到今天仍然是未解决的重大问题.

我们下面再介绍几个非常重要的几何问题.

问题 2.4.4 (维数和测度问题) (1) $H-\dim(\partial M)=2$?

(2) $\text{Area}(\partial M)=0$?

(3) 对有理映射 R, 是否有 $\text{Area}(J_R)=0$?

Shishikura 于 1998 年完全肯定回答了问题 (1), 并对问题 (2) 给出了部分回答. 当然如果问题 (3) 是肯定的话, $\text{Area}(J_R)=0$ 实际上蕴含了双曲猜想. 然而 Buff 和 Cheritat 于 2006 年成功构造例子, 使得其 $\text{Area}(J_R)>0$. 从而一般来说, 问题 (3) 不一定成立. 而早在 20 世纪 80 年代 McMullen 就得到了关于超越整函数 Julia 集的 Haudorff 维数和正面积的若干例子和结果. 其实 Julia 集的面积问题可以说是源自 1966 年就提出的关于 Kleinian 群的著名 Ahlfors 面积猜想：有限生成的 Kleinian 群极限集的面积为零. Ahlfors 猜想于 2004 年才分别被拓扑学家 Agol, Calegari 和 Gabai 所完全证明. Mandelbrot 集的面积猜想仍然是一个公开问题. 当然有理映射 (包括二次多项式) 的双曲猜想和 Mandelbrot 局部连通性猜想仍然是有理动力系统的两个未解决的中心问题.

注释 2.4.3 篇幅所限, 关于全纯动力系的许多重要研究工作在此未能介绍.

(1) 关于有理动力系的许多重要研究工作, 包括如 Cui-Tan、Jiang-Zhang 关于几何有限有理映射的 Thurston 型定理的建立, Shen 等关于实多项式动力系统的遍历性质研究, Qiu-Yin 关于 Hubbard-Branner 猜想的证明, Zhang 关于有界型有理映射的 Siegel 盘是拟圆盘的证明等在此均未能具体介绍.

(2) 有理动力系统作用于紧空间上, 而超越映射作用于开空间上. 从而二者有一些本质上的区别和不同. 超越动力系统的研究远不如有理动力系统发展得成熟, 在研究方法上更加缺少工具, 待研究的问题更多, 也更加困难. 近年来, 超越动力系统也得到很大的发展. 如 2009 年 Rampe 关于有界型超越动力系统的不变线域的研究工作; 2009 年 Rampe-Schleicher 关于指数函数族的双曲猜想的研究和进展; 2010 年 Rottenfuer-Rueckert-Rampe-Schleicher 等关于逃逸集的 Eremenko 猜想的研究和进展; 2015 年 Bishop 发展了拟共形折叠方法 (quasiconformal folding), 证明了有界型超越正函数 (无穷级) 可以具有振荡的游荡域; 2015 年 Baranski-Fagella-Jarque-Karpinsha 等关于超越整函数的牛顿映射的 Julia 集之连通性的证明; 2018 年 Pete-Shishikura 运用拟共形手术的方法, 证明了有界型超越正函数 (有穷级) 可以具有振荡的游荡域; 等等.

2.5 发展态势

我们前面已经介绍了复动力系统的现状和发展. 本节我们十分简要地介绍与之相关的两个新兴且重要的研究方向.

2.5.1 非阿基米德动力系统

p-adic 域上和 Berkovich 空间上的动力系统研究是目前国际上的新兴研究方向. 一个重要发展趋势是运用复动力系统中的概念、理论和方法于非阿基米德动力系统的研究. 我们同样可以考虑和研究 *p*-adic 域上的有理动力系统和超越动力系统, 包括 Fatou 集和 Julia 集、游荡域问题、Fatou 分支的分类、双曲猜想等等. 二者有许多类似和平行的结果; 当然也有许多区别和不同. 从 *p*-adic 拓扑上来看, *p*-adic 域是完全不连通的且不是局部紧的, 因此研究其上动力系统十分困难. 1962 年 Tate 发展的著名刚性分析 (rigid analysis) 是定义和研究非阿基米德域上解析映照的理论. 但其底空间上的拓扑结构仍未改变, 因而在其上的动力系统研究仍是十分困难的. 1990 年, Berkovich 发现并证明了一个半乘模空间, 在 Gelfand 拓扑下, 具有很好的拓扑性质并将 *p*-adic 域稠嵌入其中. 现在发现其实 Berkovich 空间是研究 *p*-adic 域上动力系统的更加有效的空间. Berkovich 空间上的动力系统研究才刚刚开始, 是一个全新方向, 这方面结果很少.

2.5.2 随机 Loewner 演化

随机 Loewner 演化是目前国际上一个新的热点研究方向, 涉及复分析、随机分析、动力系统、分形几何等, 并在统计物理中有十分重要的应用. Werner 和 Smirnov 因其在 SLE 这个领域的杰出成就分别获得了 2006 年和 2010 年的 Fields 奖.

相变是物理学中一个非常重要的概念, 它刻画系统状态的变化. 物理学家常常采用一些格子点模型来描述这些系统. 物理上的相变现象对应在模型中可解释为存在一个临界值, 使得在临界值处系统的一些宏观性质发生了不连续的变化. 因此对临界值的研究非常重要. 基于系统的大范围的尺度不变性, 物理学家猜测在临界状态下其也满足局部的尺度不变性, 从而满足共形不变性. 利用格子点模型描述一个系统时, 自然产生了一个问题: 当格子点的尺度趋于零时, 其连续极限是否存在? 如果极限存在, 是否满足共形不变性质? 这些问题在严格数学意义下知之极少; 在 SLE 被引入之前, 尺度极限甚至都没有一个严格的数学定义.

直到 21 世纪初, 数学家 Schramm 首先将复分析中的 Loewner 理论与随机分析相结合, 创立了 SLE 理论. 他首次给出了尺度极限的严格定义, 并且引入 SLE 来描述尺度极限. 他进一步证明了如果擦除回路的随机游走 (LERW) 的尺度极限存在并且满足共形不变性质, 则其一定是 SLE(2). 在随后的十几年, SLE 作为将复分析、随机分析和统计物理联合起来的交叉领域蓬勃发展起来, 成为国际上新兴的一个热点研究方向. 许多数学家在这方面做出了非常出色的工作, 从数学上严格刻画了多个重要的统计模型, 如渗流、Ising 模型、离散高斯自由场等. 其中最为著名的是 Schramm、Werner 和 Lawler 利用 SLE 作为工具, 证明了 Mandelbrot 于 1987 年提出的关于平面布朗运动的外边界的 Hausdorff 维数依概率 1 为 $\frac{4}{3}$ 的猜想; Smirnov 关于渗流的突破性工作等. 随机 Loewner 演化是目前国际上一个广受关注的交叉研究方向, 具有非常重要的理论价值和十分广阔的应用前景.

参考文献

[1] Milnor J. Dynamics in One Complex Variable. Princeton: Princeton University Press, 2006.

[2] Carleson L, Gamelin T. Complex Dynamics. New York: Springer, 1993.

[3] McMullen C. Complex Dynamics and Renormalization. Annals of Mathematics Studies. vol 135. Princeton: Princeton University Press, 1994.

[4] Bergweiler W. Iteration of meromorphic functions. Bull. Amer. Math. Soc., 1993, 29: 151-188.

[5] Sullivan D. Quasiconformal homeomorphisms and dynamics I. Solution of the Fatou-Julia problem on wandering domains. Ann. of Math., 1985, 122: 401-418.

[6] Mane R, Sad P, Sullivan D. On the dynamics of rational maps. Ann. Sci. Ecole Norm. Sup., 1983, 16: 193-217.

[7] Shishikura M. On the quasiconformal surgery of rational functions. Ann. Sci. Ecole Norm. Sup., 1987, 20: 1-29.

[8] Shishikura M. The Hausdorff dimension of the boundary of the Mandelbrot set and Julia sets. Ann. Math., 1998, 147: 225-267.

[9] Baker M, Rumely R. Potential Theory and Dynamics on the Berkovich Projective Line. Math. Surveys and Monographs, vol 159. Amer. Math. Soc., 2010.

[10] 范爱华, 凡石磊, 廖灵敏, 王跃飞. p-进有理函数动力系统. 中国科学, 2019, 49: 1513-1534.

[11] Lawler G. Conformally Invariant Processes in the Plane. Surveys and Monographs, vol 114. Amer. Math. Soc., 2005.

[12] 韩勇, 王跃飞. 随机 Loewner 演化. 中国科学, 2020, 50: 795-828.

3 种群动力学中的若干偏微分方程模型

楼 元[①]

本文旨在用种群动力学中的若干反应扩散方程模型，来描述物种的生存、竞争和演变. 我们试图通过介绍一些有趣的数学结果，来说明物种扩散对于种群动力学乃至生物学的影响，同时尝试思考这些模型带来的一些新的数学问题，例如二阶椭圆算子的主特征值问题. 本文内容部分来自 [36, 45]，同时包括了一些较新的进展.

3.1 引 言

生物数学，顾名思义是数学和生物学这两部分的交叉研究. 数学的介入，有希望把生物学的研究从定性的、描述性的水平提高到定量的、精确的、探索规律的水平. 同时，通过生物学中的生物现象和规律的研究又萌发了许多新的数学问题，从而推进了生物学和数学这两门古老学科的共同发展，这使得生物数学成为应用数学领域中一个较为活跃，充满了机会和挑战的研究方向.

随着生命科学实验技术的快速发展，利用数学方法处理和模拟实验数据，进而建立模型进行理论分析，是探究生物过程机制和原理的重要手段之一，而建立和分析模型的一个重要的数学工具是偏微分方程. 在 *What is mathematical biology and how useful is it* 一文中 (Notices of AMS, 2010)，Friedman 教授探讨了生物学中一些挑战性的问题，特别指出偏微分方程对生物数学研究的重要意义. 以数学的角度，将偏微分方程和生物学各个方向深入融合可能成为生物数学发展的一个重要趋势；依据生物学的需要和特点，利用偏微分方程这一工具探求新的数学方法和理论体系也许是生物数学发展的一个重要手段.

基于此，本文拟以空间生态学中的若干偏微分方程模型为例，通过分析相应的种群动力学，以进化博弈论的观点来理解扩散速率在种群竞争和演变中的作用. 通过介绍相应的单个物种、竞争物种和连续物种模型，尝试揭示一些生物现象，并提出一些有趣的数学问题，发展一些新的数学方法，比如特征值渐近理论和进化

① 上海交通大学.

稳定策略理论. 本文试图将空间生态学和进化博弈理论有机结合起来, 在这个方向做进一步的探讨和研究, 也期望能够抛砖引玉, 有待生物数学和偏微分方程方面的专家与学者来更系统、更深入地介绍这个方向的工作.

3.2 单个物种模型

物种的数量 (total biomass) 和扩散速率 (diffusion rate) 是单个物种的两个重要生物特征. 空间生态学研究的一个核心内容是物种数量或密度的动态变化, 其中一个有趣的问题是: 单个物种的扩散速率如何影响物种的数量和生存? 为此, 我们考虑以下两种典型的单个物种模型: Logistic 模型和河流模型, 试图从数学的角度给出一些解释.

3.2.1 Logistic 模型

考虑如下 Logistic 模型:

$$\begin{cases} u_t = \alpha\Delta u + u[m(x) - u], & (x,t) \in \Omega \times (0,\infty), \\ \dfrac{\partial u}{\partial \nu} = 0, & (x,t) \in \partial\Omega \times (0,\infty), \\ u(x,0) = u_0(x) & x \in \Omega. \end{cases} \tag{3.1}$$

这里 $u(x,t)$ 代表 t 时刻物种在空间位置 x 的密度, 故只有非负的函数 u 才有生物意义. 参数 $\alpha > 0$ 是物种的扩散速率, $\mathbb{R}^n$ 中的拉普拉斯算子 $\Delta = \sum_{i=1}^n \partial^2/\partial x_i^2$ 代表物种个体在空间中的随机扩散. 此外, 函数 $m(x)$ 描述物种的生长率, 函数 $u_0(x) \geqslant 0$ 是物种的初始密度. 为方便叙述, 除非特别指出, 本文中假设 m 是二次连续可微的、严格正的函数. 区域 Ω 是 $\mathbb{R}^n$ 中的一个有界开区域, $\partial\Omega$ 为其光滑边界, 而 $\nu(x)$ 是边界上 x 处的单位外法向量. 该系统满足 Neumann 边界条件, 表明物种不会越过边界, 即系统是封闭的. 可以证明当 $u_0(x) \neq 0$ 时, $\lim_{t\to\infty} u(x,t) = u^*(x,\alpha)$, 这里 $u^*(x,\alpha)$ 是方程 (3.1) 唯一的、二次连续可微的正平衡解 [7], 即其满足方程

$$\begin{cases} \alpha\Delta u + u(m - u) = 0, & x \in \Omega, \\ \dfrac{\partial u}{\partial \nu} = 0, & x \in \partial\Omega. \end{cases} \tag{3.2}$$

容易看到, 如果 m 是正常数, 则 $u^*(x,\alpha) \equiv$ 常数, 即物种密度与扩散速率无关. 如果假设 m 是一个非常值函数, 即物种的资源分布在空间中是不均匀的, 则 $u^*(x,\alpha)$ 依然是关于扩散速率的一个光滑函数, 但不再是一个常值函数. 那么, 在资源分布不均匀的环境中, 物种的总数量, 即 $\displaystyle\int_\Omega u^*(x,\alpha)\,dx$ 是如何依赖于扩散速率 α 的呢? 一个很粗略的回答是

引理 3.2.1[43]　对所有 $\alpha > 0$, 以下成立:

$$\int_\Omega u^* > \int_\Omega m = \lim_{\alpha\to 0}\int_\Omega u^* = \lim_{\alpha\to\infty}\int_\Omega u^*.$$

从该结果可知, 物种数量是关于扩散速率 α 的一个非单调函数. 并且, 其最大值在某个中间值达到, 最小值在扩散速率为零或无穷处达到. 有例子表明, 物种数量作为扩散速率 α 的函数, 可以有多个局部最大值[40]. 美国迈阿密大学的生物学家 DeAngelis 对这些数学理论结果产生了浓厚兴趣. 他与张波博士、倪维明[64]教授等利用一种植物 (duckweed) 设计了实验, 其实验结果与数学理论结果吻合. DeAngelis 等同时在文章 [16] 中进一步研究了比 (3.1) 更为一般的模型. 这方面的其他相关进展可参见 [23], 其中有例子表明对于某些模型, 物种数量可以是扩散速率的单调递增函数.

另一方面, 引理 3.2.1 也表明 $\int_\Omega u^* \Big/ \int_\Omega m > 1$, 且这个下界是最佳的. 而对于 $\int_\Omega u^* \Big/ \int_\Omega m$ 的上界, 倪维明教授做了一个有趣的猜测:

猜测　存在一个只依赖于空间维数 n 的正常数 $C(n)$ 使得 $\int_\Omega u^* \Big/ \int_\Omega m \leqslant C(n)$.

这个猜测从生物和数学两个方面看来都非常有意思: 如果成立的话, 它将说明物种数量和总资源的上下比例最多只和空间维数相关. 在数学上, 如果把从 m 到 u^* 的映射看成是一种非线性算子, 且猜测成立, 则该算子是有界的. 白学利、何小青、李芳[2] 等证明了 $C(1) = 3$ 为最佳上界, 而 Inoue 和 Kuto 最近则证明高维的时候不存在这样的常数[31]. 此猜测和单个物种数量的最优化问题有一定的联系, 感兴趣的读者可参考 [17,55].

最近在捕食模型的研究中[47], 出现了这样一个问题: 物种密度的最大值, 即 $\max\limits_{x\in\bar\Omega} u^*(x,\alpha)$ 是扩散系数 α 的单调递减函数吗? 更新的进展可参见 [39], 其中对几类函数 $m(x)$ 证明了物种密度的最大值关于 α 单调递减. 另外, [27] 中的结果表明, 物种密度的最小值关于 α 不一定单调递增. 一个可能的猜测是物种密度的最大值和最小值之差关于 α 单调递减; 关于这方面更多的讨论, 可参见 [40].

3.2.2　河流模型

空间生态学里一个值得探讨的问题是: 为什么物种在河流中能够存活, 而不会被河水冲走? Speirs 和 Gurney[61] 指出在河流环境中, 物种的运动除了河水流动所产生的对流之外, 也应包含随机扩散. 为此, 他们提出了以下河流模型来试图回答前面的问题:

$$\begin{cases} \partial_t u = \alpha\partial_{xx}u - q\partial_x u + u(r-u), & x\in(0,L), t>0, \\ D\partial_x u(0,t) - qu(0,t) = u(L,t) = 0, & t>0, \\ u(x,0) = u_0(x), & x\in\Omega, \end{cases} \tag{3.3}$$

这里 $q>0$ 是对流系数, $r>0$ 是物种生长率, 区间 $[0,L]$ 代表一段理想化的河流, 并假设河流上端边界 $x=0$ 是封闭的, 而河流下端边界 $x=L$ 为零边值条件 (生物上可解释为河流和海洋的交界, 因河流中的淡水鱼类无法在海洋中生存). 从数学的角度来看, 物种能够存活等价于模型 (3.3) 有正的平衡解, 因而也等价于平衡解 $u=0$ 是不稳定的.

平衡解 $u = 0$ 的稳定性由以下线性问题的最小特征值 (记为 λ_1) 的符号所决定

$$\begin{cases} \alpha\partial_{xx}\varphi - q\partial_x\varphi + (r+\lambda)\varphi = 0, \\ D\partial_x\varphi(0) - q\varphi(0) = \varphi(L) = 0, \end{cases} \quad x\in(0,L). \tag{3.4}$$

若 $\lambda_1>0$, 则 $u=0$ 稳定; 若 $\lambda_1<0$, 则 $u=0$ 不稳定. 基于此, Speirs 和 Gurney 通过计算 λ_1 得到物种能够生存的充分必要条件为

$$\alpha > \frac{q^2}{4r}, \quad L > L^*(\alpha) := \frac{\pi - \arctan\left(\sqrt{4\alpha r - q^2}/q\right)}{\sqrt{4\alpha r - q^2}/2\alpha}. \tag{3.5}$$

记 $\underline{L} := \inf_{\alpha>0} L^*(\alpha)$ (图 3.1). 条件 (3.5) 意味着

(1) 如果 $L \leqslant \underline{L}$, 则对任意扩散系数 α, 物种均无法存活. 这种情况下, 对于任意初值 u_0, (3.3) 的解均满足 $\lim_{t\to\infty} u(x,t) = 0$.

(2) 如果 $L > \underline{L}$, 则存在 $0 < \underline{\alpha} < \overline{\alpha}$ 使得物种存活当且仅当 $\alpha \in (\underline{\alpha}, \overline{\alpha})$, 即如果 $\alpha \notin (\underline{\alpha}, \overline{\alpha})$, 对于任意初值 u_0, (3.3) 的解均满足 $\lim_{t\to\infty} u(x,t) = 0$; 如果 $\alpha \in (\underline{\alpha}, \overline{\alpha})$, 则 (3.3) 有唯一的正平衡解, 且对于任意初值 u_0, (3.3) 的解均趋近于该正平衡解.

从生物学的角度来看, 物种能够存活的条件是河流有一定的长度并且扩散速率必须落在某个区间内: 如果物种的扩散速率太小, 物种就会被河水冲到下游而无法生存; 如果物种扩散速率太大, 由于下游的边界条件为零, 物种同样会趋于灭亡. 因此, 一个猜测是存在唯一的扩散速率 α^* 是“最佳”策略, 即如果某个物种的扩散速率是 α^*, 那么任何其他物种都不能代替该物种. 根据猜测易见, 如果群体中的绝大多数个体选择了策略 α^*, 那么少数选择策略 $\alpha \neq \alpha^*$ 的突变个体将无法侵入到这个群体. 以进化博弈论的观点来看, α^* 是一种进化稳定策略 (evolutionary stable strategy, ESS)[51], 也是严格的 Nash 均衡点.

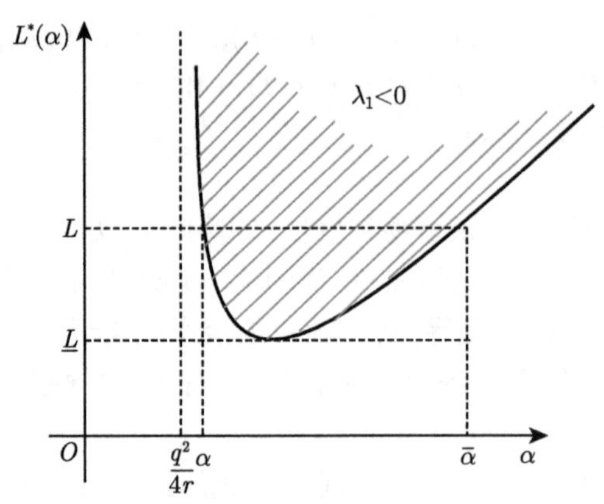

图 3.1　黑色曲线为函数 $L^*(\alpha)$, 阴影区域内物种能够生存, 且 (3.3) 有唯一正平衡解, 而阴影区域外物种无法生存

注意到这里仅仅讨论了单个物种的相关问题, 但其研究给予了物种演变一定的启示. 在 3.3 节, 为了更清楚地阐述 ESS 的重要性, 我们将给出竞争物种模型中两个具体的例子.

3.3　竞争物种模型

本文将以两个例子来阐述进化稳定策略 (ESS) 与生物模型之间的联系, 这与空间博弈论密切相关. 以博弈论的观点, 本文将模型 (3.1) 和 (3.3) 中的扩散速率 α 看作一种 "策略". 这引出一个自然的演变问题: 对物种来说, 是扩散速率大有利, 还是扩散系数小有利? 为回答此问题, 我们分别考虑两种典型的竞争模型: Lotka-Volterra 竞争模型和河流竞争模型.

3.3.1　Lotka-Volterra 竞争模型

我们首先考虑经典的 Lotka-Volterra 竞争模型:

$$\begin{cases} u_t = \alpha_1 \Delta u + u[m(x) - u - v], & (x,t) \in \Omega \times (0,\infty), \\ v_t = \alpha_2 \Delta v + v[m(x) - u - v], & (x,t) \in \Omega \times (0,\infty), \\ \dfrac{\partial u}{\partial \nu} = \dfrac{\partial v}{\partial \nu} = 0, & (x,t) \in \partial\Omega \times (0,\infty), \\ u(x,0) = u_0(x), v(x,0) = v_0(x), & x \in \Omega. \end{cases} \tag{3.6}$$

这里 u 为采取策略 α_1 的 "原居民" 物种, v 为采取策略 α_2 的 "突变" 物种. 这样自然地产生了一个问题是: 当 $\alpha_1 \neq \alpha_2$ 时, 哪种策略对物种生存更有利? 一个有趣的结果是

定理 3.3.1[18] 假设 $m>0$ 为连续非常值函数. 如果 $\alpha_1<\alpha_2$, 则对于所有非负非平凡的初值函数 u_0 和 v_0, 半平凡平衡解 $(u^*(x,\alpha_1),0)$ 是全局渐近稳定的. 这里 $u^*(x,\alpha)$ 是方程 (3.2) 的唯一正解.

也就是说, 如果两个竞争物种只有扩散速率不同, 那么拥有小的扩散速率的物种在竞争中占据优势, 而扩散速率大的物种最终将会消失, 即小的扩散速率是物种生存的有利策略. 以进化博弈论的观点来看, ESS 为 $\alpha^*=0$. 那么这种情况是否总会发生呢? 更精确地, 如果考虑 K-物种竞争系统 $(K\geqslant 3)$,

$$\begin{cases}\partial_t u_i=\alpha_i\Delta u_i+u_i\left(m-\displaystyle\sum_{i=1}^K u_i\right), & (x,t)\in\Omega\times(0,\infty),\\ \dfrac{\partial u_i}{\partial\nu}=0, & (x,t)\in\partial\Omega\times(0,\infty),\\ u_i(x,0)=u_{0,i}(x), & x\in\Omega.\end{cases}\tag{3.7}$$

假设 $m>0$ 为定义在 $\bar{\Omega}$ 上的非常值函数. 如果 $\alpha_1<\alpha_2<\cdots<\alpha_K$, 平衡解 $(u^*(x,\alpha_1),0,\cdots,0)$ 对所有非负非平凡的初值 $u_{0,i}$ 是全局渐近稳定的吗? Dockery 等在 [18] 中证明系统 (3.7) 中的任何两个物种都无法共存, 即所有非平凡平衡解的集合为

$$\{(u^*(x,\alpha_1),0,\cdots,0),(0,u^*(x,\alpha_2),\cdots,0),\cdots,(0,0,\cdots,u^*(x,\alpha_K))\},$$

且在此集合中只有 $(u^*(x,\alpha_1),0,\cdots,0)$ 是局部稳定的, 其他平衡解都不稳定. 平衡解 $(u^*(x,\alpha_1),0,\cdots,0)$ 是否全局稳定仍是一个有趣的公开问题, 对此理论分析, 远比双物种竞争模型 (3.6) 困难. 其原因如下: 定理 3.3.1 的证明依赖于模型 (3.6) 属于单调动力系统[60] 这一事实, 其全局动力学行为紧密依赖于半平凡平衡解的局部稳定性. 更精确地, 如果模型 (3.6) 不存在共存平衡解, 那么 (局部) 稳定的半平凡平衡解是全局稳定的. 但是多物种竞争模型 (3.7) 并不属于单调动力系统, 对其理论分析一直是困难、有趣的问题.

因本文侧重于了解物种的演变机制, 故对于更为一般的 Lotka-Volterra 双物种竞争模型及其推广不做进一步讨论, 感兴趣的读者可参见文献 [7, 44, 56]; 近期一些重要的工作可参见文献 [24-26, 38].

3.3.2 河流竞争模型

本文的另一个例子是河流竞争模型:

$$\begin{cases}\partial_t u=\alpha_1\partial_{xx}u-q\partial_x u+u(m-u-v), & (x,t)\in[0,L]\times(0,\infty),\\ \partial_t v=\alpha_2\partial_{xx}v-q\partial_x v+v(m-u-v), & (x,t)\in[0,L]\times(0,\infty),\\ \alpha_1\partial_x u-qu=\alpha_2\partial_x v-qv=0, & x=0,L,t>0,\\ u(x,0)=u_0(x),\quad v(x,0)=v_0(x), & x\in(0,L).\end{cases}\tag{3.8}$$

此模型在模型 (3.6) 的基础上引入了河水对流 $q\partial_x$ 的影响. 如果 $q=0$, 前一节的讨论告诉我们, 在非均匀环境下, 小的扩散速率是有利策略, 则如果 $q\neq 0$, 那么将会发生什么呢？在此节中我们仅考虑均匀环境.

定理 3.3.2[50]　*假设 m 为正常数 (均匀环境) 且 $\alpha_1>\alpha_2$. 如果半平凡平衡解 $(u^*(x,\alpha_1),0)$ 存在, 则必然是全局稳定的, 其中 $u^*(x,\alpha_1)$ 是以下问题的唯一正解:*

$$\begin{cases} \alpha_1\partial_{xx}u-q\partial_x u+u(m-u)=0, & x\in[0,L], \\ \alpha_1\partial_x u-qu=0, & x=0,L. \end{cases} \tag{3.9}$$

与模型 (3.6) 恰好相反, 该结果表明在对流的作用下, 扩散速率大的物种总能入侵扩散速率小的物种, 并且将之消灭, 即大的扩散系数是有利策略. 在河流中, 两个物种的“命运”颠倒了：扩散小的物种最终将会消失！从进化博弈论的观点来看, 在均匀环境下, 模型 (3.8) 中的 ESS 为 $\alpha^*=+\infty$.

回顾 Speirs 和 Gurney 模型 (3.3), 物种存活条件 (3.5) 表明对应的 ESS 如果存在, 则一定会在某个区间, 这与模型 (3.6) 不同. 产生此差异的主要原因是在河流下游端 $x=L$ 处的边值条件不同; 近来的一些工作[46,62] 考虑了不同边值条件对河流中物种生存和竞争的影响. 参照模型 (3.8), 如果在河流下游端 $x=L$ 处设置零边值条件, 哪种策略对物种生存更有利？为此, 我们考虑如下模型:

$$\begin{cases} \partial_t u=\alpha_1\partial_{xx}u-q\partial_x u+u(m-u-v), & (x,t)\in[0,L]\times(0,\infty), \\ \partial_t v=\alpha_2\partial_{xx}v-q\partial_x v+v(m-u-v), & (x,t)\in[0,L]\times(0,\infty), \\ \alpha_1\partial_x u-qu=\alpha_2\partial_x v-qv=0, & x=0,t>0, \\ u=v=0, & x=L,t>0, \\ u(x,0)=u_0(x),\ v(x,0)=v_0(x), & x\in(0,L). \end{cases}$$

需要指出的是, 零边值条件意味着大的扩散系数对物种不利, 因为大的扩散系数会把更多的个体“逼至”边界, 使得物种无法生存. 但是小的扩散系数也对物种不利, 因为河水一样会将物种冲到河流的下端, 同样导致物种的死亡. 于是一个自然的猜测是

猜测　假设 m 为正常数 (均匀环境), 则存在 $\alpha^*>0$ 使得当 $\alpha_1=\alpha^*$ 且 $\alpha_2\neq\alpha^*$ 时, 半平凡平衡解 $(u^*(x,\alpha^*),0)$, 如果其存在, 则是全局渐近稳定的.

证明该猜测中进化稳定策略 α^* 的存在性并非易事, 在对流系数较小的时候也许可借用最近在 [34,35] 中发展的一些办法, 但在一般情况下, 这仍然是一个有挑战性的问题. 对于空间离散的情形, 文献 [63] 中证明了在两个斑块的时候, 存在 $\alpha^*>0$ 使得当 $\alpha_1=\alpha^*$ 且 $\alpha_2\neq\alpha^*$ 时, 相应的半平凡平衡解 $(u^*,0)$, 如存在则一定是局部稳定的. 显然, 满足这样性质的 α^* 是 ESS, 且是唯一的. 在两个斑块的

时候, 尚不清楚该半平凡平衡解 $(u^*,0)$ 是否全局稳定. 在多个斑块的时候, 即使是 α^* 的存在唯一性也尚未解决.

当环境非均匀时, 即 m 为非常数的情形, 模型 (3.8) 和相关模型的动力学行为变得复杂而困难, 但近来已有一些进展, 参见文献 [37, 48, 49, 66]; 在 3.3.4 节中我们会提及一些环境非均匀的特殊例子, 并揭示其与物种演变的关联. 稍令人惊讶的是, 不管环境是否均匀, 我们发现模型 (3.6) 和 (3.8) 的动力学行为均和生态学中的理想自由分布理论有一定的联系, 故 3.3.3 节中予以讨论理想自由分布及其和物种扩散演变的关系.

3.3.3 理想自由分布

我们此节将对以上结果提供一些直观的解释, 这与理想自由分布 (ideal free distribution) 密切相关. 1969—1970 年两位生物学家 Fretwell 和 Lucas [19] 考虑了这样一个问题：在资源分布非均匀的栖息地中, 物种应该如何分布? 他们假设物种对栖息地的评估是“理想的”(即物种了解栖息地中资源的分布), 而且物种可以“自由”移动 (即物种在栖息地中的移动不会带来损失). 在这种假设下, 他们预测物种的分布与资源分布是成比例的, 并称之为理想自由分布. 一般来说, 能达到理想自由分布的策略应该是进化稳定的. 所以, 如果能观察到某个物种在空间中达到理想自由分布, 通常来讲就等于发现了某种进化稳定策略. 反之不然, 即进化稳定策略不一定导致理想自由分布.

此后, 许多生物学家先后试图通过实验来检验此理论, 第一个实验属于生物学家 Milinski [52], 他在 1979 年曾用棘鱼 (sticklebacks) 来做实验. 在实验中他在鱼箱中放入 6 条棘鱼, 在鱼箱左右两端各设计一个管道为其输送食物. 两端管道的输送速度比例为 5:1, 表示两端的资源分布不同. 实验结果显示：两端棘鱼的比例也为 5:1, 这恰恰和理想自由分布理论吻合. 在该实验中, 每条鱼均可通过在鱼箱两端之间的游动来得知资源的分布情况, 而且由于鱼箱空间相对不大, 这种游动并不会给鱼带来显著的能量损失. 在实验中 Milinski 还改变了两端管道的输送速度, 他发现在一段时间后两端棘鱼的比例也随之改变, 而且新的稳态分布依然遵守理想自由分布.

接下来, 我们将借助此理论, 对 3.2.1 节和 3.2.2 节的结果提供一些直观的解释. 回顾 Lotka-Volterra 竞争模型 (3.6) 和河流竞争模型 (3.8): 若 $u_0(x)$ 为正, 则当 $t\to\infty$ 时, $u(x,t)\to u^*(x,\alpha)$, 这里 $u^*(x,\alpha)$ 分别是方程 (3.2) 和方程 (3.9) 的唯一正解：这正是我们想了解的物种在平衡状态时的分布. 令人好奇的是, u^* 是否为理想自由分布, 即

$$\frac{m(x)}{u^*(x,\alpha)} = \text{关于 } x \text{ 的常值函数?}$$

(1) 对于 Lotka-Volterra 竞争模型 (3.6), $u^*(x,\alpha)$ 满足方程 (3.2). 容易证明, 当 m 为非常值函数时, 对任何扩散系数 α, $\dfrac{m(x)}{u^*(x,\alpha)}$ 不是 x 的常值函数, 即无理想自由分布. 但是有趣的是

$$\lim_{\alpha\to 0}\frac{m(x)}{u^*(x,\alpha)}=1.$$

这说明物种扩散速率越小, 其空间分布越接近理想自由分布. 此结果与定理 3.3.1 中 ESS 为 $\alpha^*=0$ 的结论是一致的. 所以一个自然而然的猜测是, 达到理想自由分布的策略一定是进化稳定的.

(2) 对于河流模型 (3.8), $u^*(x,\alpha)$ 满足方程 (3.9). 此时, 当 $\alpha>0$ 时仍无理想自由分布, 即 $\dfrac{m(x)}{u^*(x,\alpha)}$ 为非常值函数. 但可以证明：若 m 为常值函数, 则

$$\lim_{\alpha\to +\infty}\frac{m(x)}{u^*(x,\alpha)}=1. \tag{3.10}$$

这意味着在均匀环境下, 物种扩散速率越大, 其分布越接近理想自由分布, 这与定理 3.3.2 中 ESS 为 $\alpha^*=+\infty$ 的结论也保持一致. 在非均匀环境下, 极限 (3.10) 一般不成立, 因而 (3.8) 的动力学行为变得更为复杂.

虽然模型 (3.6) 和 (3.8) 的演变结果完全不同, 但却可以利用同一个生物理论去解释, 这启示我们生物理论在某种程度上会对数学理论有所帮助. 关于理想自由分布的偏微分方程模型, 参见 [8-11]; 分析这些模型得到的一个共同结论是, 达到理想自由分布的扩散策略是进化稳定的.

3.4　连续种群模型

在 3.3 节中我们以进化博弈论的观点, 将扩散系数 α 看作物种的一种策略, 通过讨论双物种竞争模型 (3.6) 和 (3.8), 确定了其进化稳定策略. 对于模型 (3.6) 和 (3.8) 而言, 策略 $\alpha\in\{\alpha_1,\alpha_2\}$ 是离散的, 且竞争和变异是相互独立发生的. 作为一个自然的推广, 本文将讨论连续种群模型, 此时我们假设种群之间的竞争和变异同时发生.

3.4.1　Lotka-Volterra 连续种群模型

将模型 (3.6) 中的策略 α 连续化, 用协方差为 $\sqrt{2}\varepsilon$ 的随机扩散过程刻画遗传变异, 可以利用 [12] 中发展的方法推导如下连续种群模型：

$$
\begin{cases}
\partial_t u = \alpha \Delta_x u + u[m(x) - \hat{u}] + \varepsilon^2 \partial_{\alpha\alpha} u, & (x,\alpha,t) \in \Omega \times (\underline{\alpha}, \overline{\alpha}) \times (0,\infty), \\
\dfrac{\partial u}{\partial \nu} = 0, & (x,\alpha,t) \in \partial\Omega \times (\underline{\alpha}, \overline{\alpha}) \times (0,\infty), \\
\partial_\alpha u = 0, & (x,\alpha,t) \in \Omega \times \{\underline{\alpha}, \overline{\alpha}\} \times (0,\infty), \\
u(x,\alpha,0) = u_0(x,\alpha), & (x,\alpha) \in \Omega \times (\underline{\alpha}, \overline{\alpha}),
\end{cases}
\tag{3.11}
$$

这里常数 $0 < \underline{\alpha} < \overline{\alpha}$ 决定了连续策略 α 的变化范围; $u(x,\alpha,t)$ 代表 t 时刻策略为 α 的单个物种密度;

$$
\hat{u}(x,t) := \int_{\underline{\alpha}}^{\overline{\alpha}} u(x,\alpha',t)\, d\alpha' \tag{3.12}
$$

表示所有物种 t 时刻在 x 处的总密度; $\varepsilon^2 u_{\alpha\alpha}$ 表示种群间的变异. 模型 (3.11) 是一个积分-偏微分方程, 它描述了时空中某个连续种群的扩散、竞争和变异.

当 $\displaystyle\int_\Omega m(x)dx > 0$ 时, 如果 ε 充分小, 则模型 (3.11) 有唯一的正平衡解 $u_\varepsilon(x,\alpha)$ [32], 其满足

$$
\begin{cases}
\alpha \Delta_x u + \varepsilon^2 \partial_{\alpha\alpha} u + u\left[m(x) - \displaystyle\int_{\underline{\alpha}}^{\overline{\alpha}} u(x,\alpha')\, d\alpha'\right] = 0, & (x,\alpha) \in \Omega \times (\underline{\alpha}, \overline{\alpha}), \\
\dfrac{\partial u}{\partial \nu} = 0, & (x,\alpha) \in \partial\Omega \times (\underline{\alpha}, \overline{\alpha}), \\
\partial_\alpha u = 0, & (x,\alpha) \in \Omega \times \{\underline{\alpha}, \overline{\alpha}\}.
\end{cases}
\tag{3.13}
$$

首先观察到, 当 m 为常数, 即 $m \equiv m_0 > 0$ 时, $u_\varepsilon \equiv \dfrac{m_0}{\overline{\alpha} - \underline{\alpha}}$, 且对任意的 $\varepsilon > 0$, 此平衡解是全局渐近稳定的 [32]. 这表明在均匀的空间环境中, 变异 $\varepsilon^2 u_{\alpha\alpha}$ 对种群动力学并无影响. 那么, 当 m 为非常值函数时, 将会发生什么? 以下结果对此给出了部分回答.

定理 3.4.1 [33] 假设 $\displaystyle\int_\Omega m(x)dx > 0$ 且 m 为连续的非常值函数. 当 $\varepsilon \to 0$ 时,

$$
\left\| \varepsilon^{2/3} u_\varepsilon(x,\alpha) - u^*(x,\underline{\alpha}) \cdot \eta\left(\frac{\alpha - \underline{\alpha}}{\varepsilon^{2/3}}\right) \right\|_{L^\infty(\Omega \times (\underline{\alpha}, \overline{\alpha}))} \to 0,
$$

其中 $\eta(s)$ 满足以下常微分方程 (其中 a_0, a_1 为正常数):

$$
\begin{cases}
\eta'' + (a_0 - a_1 s)\eta = 0 \quad s > 0, \\
\eta'(0) = \eta(+\infty) = 0, \quad \displaystyle\int_0^\infty \eta(s)\, ds = 1.
\end{cases}
$$

特别地, 当 $\varepsilon \to 0$ 时, 在分布意义下

$$u_\varepsilon(x,\alpha) \to u^*(x,\underline{\alpha}) \cdot \delta(\alpha - \underline{\alpha}),$$

这里 $u^*(x,\underline{\alpha})$ 为方程 (3.2) 在 $\alpha = \underline{\alpha}$ 时的唯一正解, $\delta(\cdot)$ 为 Dirac 测度.

容易看到, 当 $\varepsilon = 0$ 时, 对任意 $\alpha_0 \in (\underline{\alpha}, \overline{\alpha})$, $u^*(x,\alpha_0) \cdot \delta(\alpha - \alpha_0)$ 可看成是方程 (3.13) 的平衡解. 更进一步地, 当 $\varepsilon > 0$ 且充分小时, 平衡解 u_ε 是唯一的[32], 且当 $\varepsilon \to 0$ 时其极限恰恰为 $u^*(x,\underline{\alpha}) \cdot \delta(\alpha - \underline{\alpha})$. 这些结果说明当种群的变异系数很小时, 采取策略 $\underline{\alpha}$ 的物种在竞争变异中最终胜出, 其他物种将接近于灭亡. 这个结论与双物种竞争模型 (3.6) 的结果吻合, 即小的扩散系数是物种生存的有利策略. 一个尚未解决的问题是：模型 (3.11) 的唯一正平衡解 $u_\varepsilon(x,\alpha)$ 是否总是全局稳定的? 另外一个未解决的问题是如何将定理 3.4.1 推广到 $\underline{\alpha} = 0$ 的情形.

与此相关的工作是 Perthame 和 Souganidis [59] 提出的模型：

$$\begin{cases} \alpha(\tau)\Delta_x u + \varepsilon^2 \partial_{\tau\tau} u + \left[m(x) - \int_0^1 u(x,\tau')\,d\tau'\right] = 0, & (x,\tau) \in \Omega \times [0,1], \\ \dfrac{\partial u}{\partial \nu} = 0, & (x,\tau) \in \partial\Omega \times [0,1], \\ u(x,0) = u(x,1), u_\tau(x,0) = u_\tau(x,1), & x \in \Omega. \end{cases} \tag{3.14}$$

这里假设 Ω 是有界光滑凸区域; 策略 $\alpha(\tau)$ 是关于 τ 的周期为 1 的正函数. 无独有偶, 对于模型 (3.14), Perthame 和 Souganidis [59] 证明在分布意义下, 当 $\varepsilon \to 0$ 时, $u_\varepsilon(x,\tau) \to u^*(x,\alpha(\tau_*)) \cdot \delta(\tau - \alpha(\tau_*))$, 其中 $\alpha(\tau_*) = \min\limits_{0 \leqslant \tau \leqslant 1} \alpha(\tau)$. 这与之前的结论一致, 即小的扩散系数是物种生存的有利策略! 那么, 我们自然会问：对于河流竞争模型 (3.8), 其所对应的连续种群模型, 大的扩散系数是否总是有利策略呢? 我们将在下一节讨论此问题.

3.4.2 河流连续种群模型

类似于 3.4.1 节, 我们将模型 (3.8) 中的策略 α 连续化, 考虑如下模型：

$$\begin{cases} \partial_t u = \alpha \partial_{xx} u - q \partial_x u + u(m(x) - \hat{u}) + \varepsilon^2 \partial_{\alpha\alpha} u, \\ \qquad (x,\alpha,t) \in (0,L) \times (\underline{\alpha}, \overline{\alpha}) \times (0,\infty), \\ (\alpha \partial_x u - q u)(0,\alpha,t) = (\alpha \partial_x u - q u)(L,\alpha,t) = 0, & (\alpha,t) \in (\underline{\alpha}, \overline{\alpha}) \times (0,\infty), \\ u(x,\overline{\alpha},t) = u(x,\underline{\alpha},t) = 0, & (x,t) \in (0,L) \times (0,\infty), \\ u(x,\alpha,0) = u_0(x,\alpha), & (x,\alpha) \in (0,L) \times (\underline{\alpha}, \overline{\alpha}), \end{cases} \tag{3.15}$$

其中 $\hat{u}$ 的定义同样由 (3.12) 给出. 当 m 为正常值函数时, 从定理 3.3.2 我们猜测 (3.15) 有唯一的, 全局稳定的正平衡解, 记为 $u_\varepsilon(x,\alpha)$; 当 $\varepsilon \to 0$ 时, 在分布意义下

$u_\varepsilon(x,\alpha) \to u^*(x,\overline{\alpha}) \cdot \delta(\alpha-\overline{\alpha})$. 这里 $u^*(x,\overline{\alpha})$ 为方程 (3.9) 在 $\alpha=\overline{\alpha}$ 时的唯一正解, $\delta(\cdot)$ 为 Dirac 测度.

为了直观了解非均匀环境下 (即 m 为非常值函数) 模型 (3.15) 的动力学行为, 郝文瑞、林经洋和作者[22] 对其进行了数值模拟, 相应的参数选取如下：

$$L=1, \quad q=1, \quad \underline{\alpha}=0.5, \quad \overline{\alpha}=1.5, \quad m(x)=e^{(1-a)x+ax^2}, \quad \varepsilon=10^{-3}, \tag{3.16}$$

这里初值 $u(x,\alpha,0)$ 选为某个 Dirac 函数的近似. 对 $a=\pm\dfrac{1}{4}$ 的情形, 我们模拟了模型 (3.15) 解的渐近行为, 其结果如下：

从模拟结果可以看出, 当 $a=\dfrac{1}{4}$ 时 (图 3.2(b)), 因初值的选取, 模型 (3.15) 的解一开始主要集中于 $\alpha=0.75$ 附近, 而在平衡状态会集中于策略 α^* 约为 1.1 的位置, 即采取策略 α^* 的物种将在竞争中最终生存下来, 其他物种灭亡. 这与均匀环境中“大的扩散系数是有利策略”的结论并不一致. 更有趣的是, 当 $a=-\dfrac{1}{4}$ 时 (图 3.2(a)), 从同样的初值出发, 模型 (3.15) 的平衡解会集中于两种不同的策略, 即有两种采取不同策略的物种在竞争中同时生存下来, 而且它们一起排斥其他策略. 这与模型 (3.8) 在均匀环境中的结论更是大相径庭.

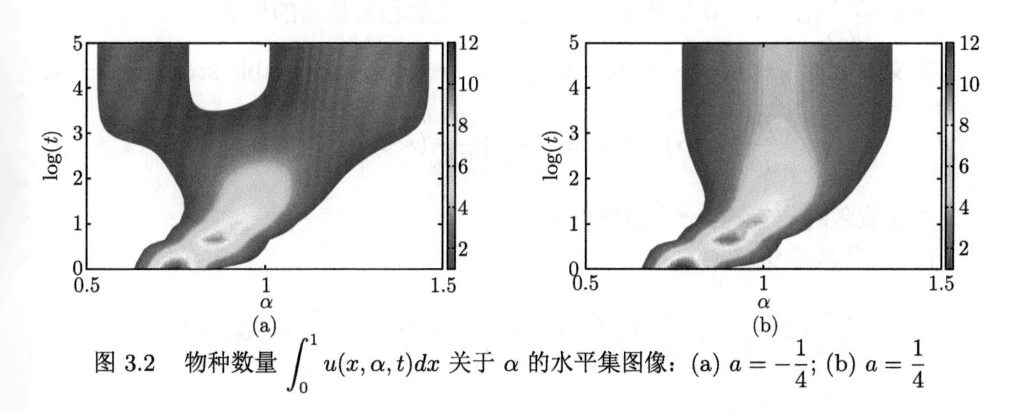

图 3.2 物种数量 $\int_0^1 u(x,\alpha,t)dx$ 关于 α 的水平集图像：(a) $a=-\dfrac{1}{4}$; (b) $a=\dfrac{1}{4}$

为从数学的角度解释以上现象, 我们仍然考虑当 $\varepsilon \to 0$ 时, 模型 (3.15) 的平衡解 $u_\varepsilon(x,\alpha)$ 的渐近行为. 为此, 首先考虑双物种竞争模型 (3.8), 定义 $\lambda=\lambda(\alpha_1,\alpha_2)$ 为以下特征值问题的最大特征值：

$$\begin{cases} \alpha_2\partial_{xx}\varphi - q\partial_x\varphi + (m-u^*(x,\alpha_1))\varphi = \lambda\varphi, & x\in(0,L), \\ \alpha_2\partial_x\varphi - q\varphi = 0, & x=0,L. \end{cases}$$

容易看出, 对所有 α, $\lambda(\alpha,\alpha)\equiv 0$, 且模型 (3.8) 的平衡解 $(u^*(x,\alpha_1),0)$ 的局部稳定性由 $\lambda(\alpha_1,\alpha_2)$ 的符号所决定：

$$\lambda(\alpha_1,\alpha_2)\begin{cases} >0, & (u^*(x,\alpha_1),0) \text{ 不稳定}, \\ <0, & (u^*(x,\alpha_1),0) \text{ 稳定}. \end{cases}$$

从博弈论的观点, 可以将 $\lambda(\alpha_1,\alpha_2)$ 看成是"原住民"的策略为 α_1 时, 采取策略 α_2 的变异者所得的回报. 根据 $\lambda(\alpha_1,\alpha_2)$ 对 α_2 不同的依赖关系, 当 $\varepsilon\to 0$ 时, 平衡解 $u_\varepsilon(x,\alpha)$ 会相应地有不同的渐近行为.

首先考虑一般的情形 $\dfrac{\partial\lambda}{\partial\alpha_2}(\alpha,\alpha)\neq 0$.

定理 3.4.2 [22]　如果 $\dfrac{\partial\lambda}{\partial\alpha_2}(\alpha,\alpha)<0$ 对于 $\alpha\in(\underline{\alpha},\overline{\alpha})$ 均成立, 且 $\overline{\alpha}-\underline{\alpha}$ 充分小, 则当 $\varepsilon\to 0$ 时, 任意正平衡解 u_ε 皆满足

$$u_\varepsilon(x,\alpha)\to\delta(\alpha-\underline{\alpha})\cdot u^*(x,\underline{\alpha}).$$

此结果表明, 当 $\dfrac{\partial\lambda}{\partial\alpha_2}<0$ 时, 小的扩散速率是有利策略, 这对应于定理 3.3.1 中的情形. 类似地, 如果 $\dfrac{\partial\lambda}{\partial\alpha_2}>0$, 则正解 u_ε 集中于 $\alpha=\overline{\alpha}$, 此时大的扩散速率是有利策略, 这对应于定理 3.3.2 中的情形.

对于 $\dfrac{\partial\lambda}{\partial\alpha_2}(\alpha,\alpha)=0$ 的情形, 我们先引入收敛稳定策略的概念.

定义 3.4.1　称 $\hat{\alpha}$ 是一个收敛稳定策略 (convergence stable strategy), 如果

$$\frac{\partial\lambda}{\partial\alpha_2}(\hat{\alpha},\hat{\alpha})=0 \quad 且 \quad \frac{d}{ds}\left[\frac{\partial\lambda}{\partial\alpha_2}(s,s)\right]\bigg|_{s=\hat{\alpha}}<0.$$

对于收敛稳定策略, 一个自然的分类是

(1) 进化稳定策略 (ESS):

$$\frac{\partial\lambda}{\partial\alpha_2}(\hat{\alpha},\hat{\alpha})=0,\ \frac{d}{ds}\left[\frac{\partial\lambda}{\partial\alpha_2}(s,s)\right]\bigg|_{s=\hat{\alpha}}<0,\ 且\ \frac{\partial^2\lambda}{\partial\alpha_2^2}(\hat{\alpha},\hat{\alpha})<0;$$

(2) 进化分支点 (BP):

$$\frac{\partial\lambda}{\partial\alpha_2}(\hat{\alpha},\hat{\alpha})=0,\ \frac{d}{ds}\left[\frac{\partial\lambda}{\partial\alpha_2}(s,s)\right]\bigg|_{s=\hat{\alpha}}<0,\ 且\ \frac{\partial^2\lambda}{\partial\alpha_2^2}(\hat{\alpha},\hat{\alpha})>0.$$

基于以上两种情形, 对于进化稳定策略, 平衡解 $u_\varepsilon(x,\alpha)$ 的渐近行为有如下刻画.

定理 3.4.3 [22]　假设 $\hat{\alpha}$ 为 ESS. 如果 $\hat{\alpha}\in(\underline{\alpha},\overline{\alpha})$, 且 $\overline{\alpha}-\underline{\alpha}$ 充分小, 则当 $\varepsilon\to 0$ 时, 任意正平衡解 u_ε 在分布意义下满足

$$u_\varepsilon(x,\alpha)\to u^*(x,\hat{\alpha})\cdot\delta(\alpha-\hat{\alpha}).$$

定理 3.4.3 对应于图 3.2 中的图 (b), 即 $\hat{\alpha}$ 约为 1.1, 既不是 $\overline{\alpha}=1.5$, 也不是 $\underline{\alpha}=0.5$. 为进一步了解定理 3.4.3, 我们考虑特殊情形 $m(x)=be^{cx}$, 其中 b,c 为正常数, 则文献 [1] 中证明只要 $\alpha_1=c/q$, 而 $\alpha_2\neq c/q$, (3.8) 中的半平凡平衡解 $(u^*(x,\alpha_1),0)$ 是全局稳定的. 这说明在这种特殊情形下, 定理 3.4.3 中的 ESS 刚好是 $\hat{\alpha}=c/q$. 从理想自由分布的观点, 很容易理解这个特殊例子：当 $m(x)=be^{cx}$ 时, 如果 $\alpha_1=c/q$, 则

$$u^*(x,\alpha_1)\equiv be^{cx}=m(x),$$

即物种 u 在平衡状态达到了理想自由分布, 从而不难理解相应的扩散策略是进化稳定的. 当 $c\to 0$ 时, $m(x)\to b$, 即环境越来越均匀的时候, 我们发现进化稳定策略 $\hat{\alpha}=c/q\to+\infty$, 这恰恰和定理 3.3.2 吻合.

对于进化分支点, 我们有以下结果.

定理 3.4.4[22] 假设 $\hat{\alpha}$ 为 BP. 如果 $\hat{\alpha}\in(\underline{\alpha},\overline{\alpha})$, 且 $\overline{\alpha}-\underline{\alpha}$ 充分小, 则当 $\varepsilon\to 0$ 时, 正平衡解 u_ε 有子列在分布意义下满足 (为叙述方便, 依旧记该子列为 u_ε)

$$u_\varepsilon(x,\alpha)\to\delta(\alpha-\underline{\alpha})\cdot u_1(x)+\delta(\alpha-\overline{\alpha})\cdot u_2(x),$$

其中 (u_1,u_2) 是以下方程组的正解：

$$\begin{cases}\underline{\alpha}\partial_{xx}u_1-q\partial_x u_1+u_1(m-u_1-u_2)=0, & x\in(0,L),\\ \overline{\alpha}\partial_{xx}u_2-q\partial_x u_2+u_2(m-u_1-u_2)=0, & x\in(0,L),\\ \underline{\alpha}\partial_x u_1-qu_1=\overline{\alpha}\partial_x u_2-qu_2=0, & x=0,L.\end{cases}\tag{3.17}$$

以上定理揭示了一种新的现象：在没有任何单个策略是 ESS 的情况下, 两种极端的策略 $\underline{\alpha},\overline{\alpha}$ 形成了一个联盟, 共同主导着竞争, 即任何第三种策略均无法入侵. 为进一步了解定理 3.4.4, 我们考虑特殊情形 $m(x)=b_1e^{c_1x}+b_2e^{c_2x}$, 其中 b_i,c_i 为正常数, $i=1,2$. 我们观察到, 在这种情况下, 如果 $\underline{\alpha}=c_1/q$, $\overline{\alpha}=c_2/q$, 则方程组有唯一的正解 $u_i(x)=b_ie^{c_ix}$, $i=1,2$. 从理想自由分布的观点, 同样不难理解这个特殊例子的生物意义:

$$u_1(x,\alpha_1)+u_2(x,\alpha_2)\equiv b_1e^{c_1x}+b_2e^{c_2x}=m(x),$$

即虽然单个物种此时无法达到理想自由分布, 但两个物种的总密度达到了理想自由分布, 因而不难理解相应的扩散策略也是进化稳定的. 感兴趣的读者可参考 [20] 和相关讨论. 一个未解决的问题是方程组 (3.17) 是否最多只有一个正解.

以上两个结果表明, 在进化稳定策略 $\hat{\alpha}$ 附近, $\hat{\alpha}$ 会在竞争中占据优势; 而在进化分支点附近, 没有任何策略能占据竞争优势. 因而对于策略区间 $(\underline{\alpha},\overline{\alpha})$, 最终主导竞争的是内部的进化稳定策略 $\hat{\alpha}$ 或者边界策略 $\underline{\alpha},\overline{\alpha}$. 因此, 证明进化稳定策略

的存在性与否, 对了解平衡解 $u_\varepsilon(x,\alpha)$ 的渐近行为乃至模型 (3.15) 的动力学行为有着至关重要的作用.

ESS 或 BP 的存在性的讨论牵涉到了一个困难而核心的问题：最大特征值 $\lambda=\lambda(\alpha_1,\alpha_2)$ 在 $\alpha_1-\alpha_2$ 平面上的零点集结构是什么样的？我们知道其零点集一定包括对角线 $\alpha_1=\alpha_2$, 但除此之外所知甚少. 即使对本文讨论的模型, 彻底确定特征值 $\lambda(\alpha_1,\alpha_2)$ 零点集的结构尚缺乏系统的办法. 为此, 在 3.5 节中我们将讨论最小特征值的一些定性性质, 以便对 $\lambda(\alpha_1,\alpha_2)$ 的零点集有进一步的了解.

3.5 主特征值问题

在前面三节中我们讨论了扩散和对流对物种竞争和演变的影响, 其中一个重要的数学工具是椭圆算子的特征值理论. 特别地, 最小特征值对参数的依赖关系扮演着重要的角色. 为了更系统地了解此部分内容, 本节考虑如下特征值问题：

$$\begin{cases} -\alpha\Delta\varphi+A\boldsymbol{v}\cdot\nabla\varphi+c(x)\varphi=\lambda(\alpha,A)\varphi, & x\in\Omega,\\ \dfrac{\partial\varphi}{\partial\nu}=0, & x\in\partial\Omega,\\ \varphi>0, & x\in\Omega. \end{cases} \tag{3.18}$$

这里 $\boldsymbol{v}(x)$ 是一般 C^1 向量场且 $c(x)\in C(\bar\Omega)$. 特征值问题 (3.18) 可能有复的特征值, 但是经典的 Krein-Rutman 定理保证存在一个实的、简单的主特征值, 记为 $\lambda(\alpha,A)$, 在所有特征值里它的实部最小, 因而是唯一确定的. 对任意的向量场 $\boldsymbol{v}(x)$, 由椭圆算子比较原理易知, 对任意的 $\alpha>0$ 和 $A\geqslant 0$,

$$\min_{\bar\Omega} c\leqslant\lambda(\alpha,A)\leqslant\max_{\bar\Omega} c,$$

故主特征值关于扩散和对流系数一致有界. 但是对一般的 $\boldsymbol{v}(x)$, 了解 $\lambda(\alpha,A)$ 的渐近行为是十分困难的, 较难有一般性的结果. 为了进一步地探讨, 由 Hodge 分解可知存在某个 C^1 函数 $b(x)$ 使得

$$\boldsymbol{v}=\boldsymbol{v}_0+\nabla b,$$

其中向量场 $\boldsymbol{v}_0$ 满足 $\nabla\cdot\boldsymbol{v}_0=0$, $\boldsymbol{v}_0\cdot\nu|_{\partial\Omega}=0$, 称为不可压缩流. 由此, 我们将分别讨论 $\boldsymbol{v}=\boldsymbol{v}_0$ 和 $\boldsymbol{v}=\nabla b$ 两种特殊情形.

3.5.1 势流: $\boldsymbol{v}=\nabla b$

向量场 $\boldsymbol{v}=\nabla b$ 为势流, 其特点为无旋性速度场, 可以用来刻画一些生物现象. 比如 Belgacem 和 Cosner[3] 于 1995 年指出在异性环境中, 物种的运动除了随

机扩散之外, 也应包含沿着食物分布梯度方向的对流, 而此对流可以用 $\boldsymbol{v} = -\nabla m$ 的势流来表示, 其中 m 代表物种资源的空间分布. 一个特例是在河流模型 (3.3) 中, Speirs 和 Gurney [61] 用 $\boldsymbol{v} = -q$ 描述河水流动产生的对流. 为了研究势流对种群竞争和演变的影响, 了解主特征值关于势流系数 A 的渐近行为就显得至关重要. 为此, 陈新富和作者在 [13] 中证明了以下结果.

定理 3.5.1 [13] 假设 $\boldsymbol{v} = -\nabla m$, $m \in C^2(\bar{\Omega})$, 且所有 m 的临界点都是非退化的, 那么

$$\lim_{A\to\infty} \lambda(\alpha, A) = \min_{x\in\mathcal{M}} c(x),$$

其中 $\mathcal{M}$ 是函数 m 所有局部最大点的集合.

从此结果容易看出, 当 m 的临界点都非退化时, 大的势流会使特征函数聚集在 m 某个局部极大点, 这与其无旋性的特点密切相关. 当 m 的临界点退化时, 彭锐和周茂林[58] 在 $\Omega = (0,1)$ 的情形下得到了一些有趣的结论, 此结果允许 $m(x)$ 的临界点包含多个小区间. 以一种特殊情形为例, 假设 m 在子区间 $[a,b] \subset [0,1]$ 为常值, 在 $[0,a]$ 上严格单调上升, 在 $[b,1]$ 上严格单调下降, 那么 $\lim\limits_{A\to\infty} \lambda(\alpha, A)$ 为以下特征值问题的主特征值, 记为 $\lambda([a,b])$:

$$\begin{cases} -\alpha\partial_{xx}\varphi + c(x)\varphi = \lambda([a,b])\varphi, & x \in (a,b), \\ \partial_x\varphi(a) = \partial_x\varphi(b) = 0. \end{cases} \tag{3.19}$$

可以证明 $\lim\limits_{a\to b} \lambda([a,b]) = c(b)$, 即当 m 的极大值区间 $[a,b]$ 退化成孤立点 $\{b\}$ 时, $\lim\limits_{A\to\infty} \lambda(\alpha, A) = c(b)$, 这与定理 3.5.1 的结论保持一致. 于是, 大的势流会使特征函数聚集在 m 的某个局部极大值的部分, 或为一个区间或为一个孤立的点. 此外, 这些结论从另一角度也表明主特征值 $\lambda(\alpha, A)$ 关于 A 一般不单调, 因此对于固定的扩散速率 α, 如何了解 $\lambda(\alpha, A)$ 零点集的结构仍是一个值得探讨的问题.

另一方面, 为了理解随机扩散对种群竞争和演变的影响, 探索主特征值关于扩散速率 α 的依赖关系也是一个重要的研究课题. 首先, 当 $A = 0$ 时, 特征值问题 (3.18) 的主特征值具有变分刻画. 基于此, 容易证明: $\lambda(\alpha, 0)$ 关于 α 单调增加, 且

$$\lim_{\alpha\to 0} \lambda(\alpha, 0) = \min_{x\in\bar{\Omega}} c(x), \qquad \lim_{\alpha\to+\infty} \lambda(\alpha, 0) = \frac{1}{|\Omega|}\int_\Omega c(x)\, dx.$$

而当 $A \neq 0$ 时, 情况变得十分复杂. 在 [14] 中陈新富和作者得到了部分结果.

定理 3.5.2 假设 $\boldsymbol{v} = -\nabla m$, 在 $\partial\Omega$ 上 $|\nabla m| \neq 0$ 且 m 的所有极值点非退

化, 则

$$\lim_{\alpha\to 0}\lambda(\alpha,A)=\inf_{x\in\Sigma_1\cup\Sigma_2}\left\{c(x)+\frac{A}{2}\sum_{i=1}^{n}\Big(|\kappa_i(x)|+\kappa_i(x)\Big)\right\},$$

这里当 $x\in\Omega$ 时, $\kappa_i(x)$ 为 $D^2m(x)$ 的第 i 个特征值, $1\leqslant i\leqslant n$; 当 $x\in\partial\Omega$ 时, $\kappa_i(x)$ 为 $D^2m_{\partial\Omega}(x)$ 的第 i 个特征值, 其中 $m_{\partial\Omega}(x)$ 为 $m(x)$ 在 $\partial\Omega$ 上的限制, 并且

$$\begin{aligned}&\Sigma_1:=\{x\in\Omega:|\nabla m(x)|=0\},\\&\Sigma_2:=\{x\in\partial\Omega:|\nabla m(x)|=\nabla m(x)\cdot\nu(x)>0\}.\end{aligned}\tag{3.20}$$

对于 $\alpha\to 0$ 或 $A\to\infty$ 时 $\lambda(\alpha,A)$ 的渐近行为, 感兴趣的读者可进一步参见文献 [57]. 至此, 对于势流 $\boldsymbol{v}$, 主特征值关于扩散系数 α 和对流系数 A 的渐近行为已有部分结果, 但想要了解一般参数下 $\lambda(\alpha,A)$ 水平集的结构仍有较大的困难; 参见 [57] 以及其中的文献, 其中该文也考虑了 Dirichlet 和 Robin 边界条件.

3.5.2 不可压缩流: $\boldsymbol{v}=\boldsymbol{v}_0$

当 $\boldsymbol{v}=\boldsymbol{v}_0$ 时, 我们主要讨论主特征值关于对流系数 A 的渐近行为, 故为了方便记 $\lambda(\alpha,A)=\lambda(A)$. 对不可压缩的向量场 $\boldsymbol{v}=\boldsymbol{v}_0$, Berestycki 等[6] 证明了如下结果:

定理 3.5.3[6] 假设 $\boldsymbol{v}=\boldsymbol{v}_0$ 为不可压缩流, 则

$$\lim_{A\to\infty}\lambda(A)=\inf_{\varphi\in\mathcal{I}}\frac{\displaystyle\int_\Omega(\alpha|\nabla\varphi|^2+c(x)\varphi^2)}{\displaystyle\int_\Omega\varphi^2},$$

其中 $\mathcal{I}:=\{\varphi\in H^1(\Omega):\varphi\neq 0,\boldsymbol{v}\cdot\nabla\varphi=0 \text{ a.e. } x\in\Omega\}$.

此外容易证明, $\lambda(A)$ 是 A 的对称函数且

$$\lambda(0)\leqslant\lambda(A)\leqslant\lim_{A\to\infty}\lambda(A),$$

即 $\lambda(A)$ 在 $A=0$ 达到极小值, 在 $A=+\infty,-\infty$ 达到极大值. 一个自然的问题是: 对 $A>0$, 主特征值 $\lambda(A)$ 是 A 的单调上升函数吗? 答案是肯定的.

定理 3.5.4[41] 假设 $\boldsymbol{v}=\boldsymbol{v}_0$ 为不可压缩流, 则 $\dfrac{\partial\lambda}{\partial A}\geqslant 0$, $\forall\ A\geqslant 0$. 并且,

(1) 若 $\nabla\varphi_0\cdot\boldsymbol{v}\not\equiv\mathbf{0}$, 则 $\dfrac{\partial\lambda}{\partial A}(A)>0$, $\forall\ A>0$;

(2) 若 $\nabla\varphi_0\cdot\boldsymbol{v}\equiv\mathbf{0}$, 则 $\lambda(A)\equiv\lambda(0)$, $\forall\ A>0$,

其中 φ_0 满足

$$\begin{cases} -\alpha\Delta\varphi_0 + c(x)\varphi_0 = \lambda(0)\varphi_0, & x \in \Omega, \\ \dfrac{\partial\varphi_0}{\partial\nu} = 0, & x \in \partial\Omega, \\ \varphi_0 > 0, & x \in \Omega. \end{cases} \tag{3.21}$$

与定理 3.5.4 相关的问题是：最小波速关于对流系数 A 的单调性 [41]、不可压缩流强化混合[15]、特征值的重排不等式[21]、周期抛物算子主特征值的单调性[42]等问题. 有兴趣的读者可进一步参见文献 [4,5,67].

从最后一节的讨论也许可以预见, 对于一般的向量场 $\boldsymbol{v}(x)$, 主特征值 $\lambda(\alpha, A)$ 对于参数的依赖关系是困难而有趣的. 从本文中所讨论的生物问题来看, 主特征值对于参数的依赖关系也是重要而复杂的. (3.18) 的一个有趣推广是考虑相应的时间周期问题, 即向量场 $\boldsymbol{v}$ 或函数 c 是时间周期函数的情形, 参见 [28-30, 53, 54] 及其文献.

本文只是举了很少量的例子来试图说明生物数学和偏微分方程的具体结合, 即一方面利用偏微分方程模型和理论工具来研究一些生物问题, 另一方面通过生物问题的研究来发现和提炼出一些新的数学问题. 希望有更多的同仁, 特别是青年学生, 在这个方面进行更全面和更深入的研究与探索.

致谢 本文基于作者于 2018 年 5 月在中国科学院数学与系统科学研究院的演讲稿, 初稿完成于 2019 年 1 月, 修改稿完成于 2021 年 5 月. 在此感谢冯琦研究员的邀请、席南华研究员的鼓励、王友德研究员的编辑工作, 以及王莉老师和我的博士研究生刘爽在整理文稿中提供的大力帮助. 本文受到“统筹支持一流大学和一流学科建设专项”、中国自然科学基金会 (NSFC Grant No. 11571364)、美国自然科学基金会 (NSF Grant DMS-1411476) 的资助.

参考文献

[1] Averill I, Lou Y, Munther D. On several conjectures from evolution of dispersal. J. Biol. Dyn., 2012, 6: 117-130.

[2] Bai X L, He X Q, Li F. An optimization problem and its application in population dynamics. Proc. Amer. Math. Soc., 2016, 144: 2161-2170.

[3] Belgacem F, Cosner C. The effects of dispersal along environmental gradients on the dynamics of populations in heterogeneous environment. Canadian Appl. Math. Quarterly, 1995, 3: 379-397.

[4] Berestycki H. The influence of advection on the propagation of fronts in reaction-diffusion equations. Nonlinear PDE's in Condensed Matter and Reactive Flows, 2002: 1-48.

[5] Berestycki H, Hamel F, Nadirashvili N. The speed of propagation for KPP-type problems. I. Periodic framework. J. Eur. Math. Soc., 2005, 7: 173-213.

[6] Berestycki H, Hamel F, Nadirashvili N. Elliptic eigenvalue problems with large drift and applications to nonlinear propagation phenomena. Comm. Math. Phys., 2005, 253: 451-480.

[7] Cantrell R S, Cosner C. Spatial Ecology via Reaction-Diffusion Equations, Series in Mathematical and Computational Biology. Chichester, UK: John Wiley and Sons, 2003.

[8] Cantrell R S, Cosner C, Lewis M A, Lou Y. Evolution of dispersal in spatial population models with multiple timescales. J. Math. Biol., 2020, 80: 3-37.

[9] Cantrell R S, Cosner C, Lou Y. Evolution of dispersal and the ideal free distribution. Math Biosci Eng., 2010, 7: 17-36.

[10] Cantrell R S, Cosner C, Lou Y. Evolutionary stability of ideal free dispersal strategies in patchy environments. J. Math. Biol, 2012, 65: 943-965.

[11] Cantrell R S, Cosner C, Lou Y, Ryan D. Evolutionary stability of ideal free dispersal in spatial population models with nonlocal dispersal. Canadian Appl. Math. Quarterly, 2012, 20: 15-38.

[12] Champagnat N, Ferrière R, Méléard S. Unifying evolutionary dynamics: From individual stochastic processes to macroscopic models. Theo. Pop. Biol., 2006, 69: 297-321.

[13] Chen X F, Lou Y. Principal eigenvalue and eigenfunctions of an elliptic operator with large advection and its application to a competition model. Indiana Univ. Math. J., 2008, 57: 627-657.

[14] Chen X F, Lou Y. Effects of diffusion and advection on the smallest eigenvalue of an elliptic operators and their applications. Indiana Univ. Math J., 2012, 60: 45-80.

[15] Constantin P, Kiselev A, Ryzhik L, Zlatǒs A. Diffusion and mixing in fluid flow. Ann. Math., 2008, 168: 643-674.

[16] DeAngelis D, Ni W M, Zhang B. Dispersal and spatial heterogeneity: Single species. J. Math. Biol., 2016, 72: 239-254.

[17] Ding W, Finotti H, Lenhart S, Lou Y, Ye Q. Optimal control of growth coefficient on a steady-state population model. Nonlinear Analysis: Real World Applications, 2010, 11: 688-704.

[18] Dockery J, Hutson V, Mischaikow K, Pernarowski M. The evolution of slow dispersal rates: A reaction-diffusion model. J. Math. Biol., 1998, 37: 61-83.

[19] Fretwell S D, Lucas H L. On territorial behavior and other factors influencing habitat selection in birds. Acta Biotheretica, 1970, 19: 16-36.

[20] Gejji R, Lou Y, Munther D, Peyton J. Evolutionary convergence to ideal free dispersal strategies and coexistence. Bull. Math Biol., 2012, 74: 257-299.

[21] Hamel F, Nadirashvili N, Russ E. Rearrangement inequalities and applications to isoperimetric problems for eigenvalues. Ann. Math., 2011, 174: 647-755.

[22] Hao W, Lam K Y, Lou Y. Concentration phenomena in an integro-PDE model for evolution of conditional dispersal. Indiana Univ. Math. J., 2019, 68: 881-923.

[23] He X Q, Lam K Y, Lou Y, Ni W M. Dynamics of a consumer-resource reaction-diffusion model: Homogeneous versus heterogeneous environments. J. Math. Biol., 2019, 78: 1605-1636.

[24] He X Q, Ni W M. The effects of diffusion and spatial variation in Lotka-Volterra competition-diffusion system I: Heterogeneity vs. homogeneity. J. Differential Equations, 2013, 254: 528-546.

[25] He X Q, Ni W M. The effects of diffusion and spatial variation in Lotka-Volterra competition-diffusion system II: The general case. J. Differential Equations, 2013, 254: 4088-4108.

[26] He X Q, Ni W M. Global dynamics of the Lotka-Volterra competition-diffusion system: Diffusion and spatial heterogeneity I. Comm. Pure. Appl. Math., 2016, 69: 981-1014.

[27] He X Q, Ni W M. Global dynamics of the Lotka-Volterra competition-diffusion system with equal amount of total resources, II. Calc. Var. PDE, 2016, 55: Art. 25, 20.

[28] Hess P. Periodic-parabolic Boundary Value Problems and Positivity. Pitman Res. Notes in Mathematics 247, Longman Sci. Tech., Harlow, 1991.

[29] Hutson V, Shen W, Vickers G T. Estimates for the principal spectrum point for certain time-dependent parabolic operators. Proc. A.M.S., 2000, 129: 1669-1679.

[30] Hutson V, Michaikow K, Poláčik P. The evolution of dispersal rates in a heterogeneous time-periodic environment. J. Math. Biol., 2001, 43: 501-533.

[31] Inoue J, Kuto K. On the unboundedness of the ratio of species and resources for the diffusive logistic equation. Discre. Cont. Dyn. Syst. B, 2021, 26: 2441-2450.

[32] Lam K Y. Stability of Dirac concentrations in an integro-PDE model for evolution of dispersal. Cal. Var. PDE, 2017, 56: 79.

[33] Lam K Y, Lou Y. An integro-PDE from evolution of random dispersal. J. Func. Anal., 2017, 272: 1755-1790.

[34] Lam K Y, Lou Y. Evolutionarily stable and convergent stable strategies in reaction-diffusion models for conditional dispersal. Bull. Math. Biol., 2014, 76: 261-291.

[35] Lam K Y, Lou Y. Evolution of dispersal: ESS in spatial models. J. Math. Biol., 2014, 68: 851-877.

[36] Lam K Y, Lou Y. Persistence, competition and evolution//Bianchi A, et al. ed. The Dynamics of Biological Dynamics, Mathematics of Planet Earth vol. 4. Springer, 2019: 205-238.

[37] Lam K Y, Lou Y, Lutscher F. Evolution of dispersal in closed advective environments. J. Biol. Dyn., 2015, 9: 188-212.

[38] Lam K Y, Ni W M. Uniqueness and complete dynamics of the Lotka-Volterra competition diffusion system. SIAM J. Appl. Math., 2012, 72: 1695-1712.

[39] Li R, Lou Y. Some monotone properties for solutions to a reaction-diffusion model. Discre. Cont. Dyn. Syst. B, 2019, 24: 4445-4455.

[40] Liang S, Lou Y. On the dependence of the population size on the dispersal rate. Discre. Cont. Dys. Syst. B, 2012, 17: 2771-2788.

[41] Liu S, Lou Y. A functional approach towards eigenvalue problems associated with incompressible flow. Discre. Cont. Dyn. Syst., 2020, 40: 3715-3736.

[42] Liu S, Lou Y, Peng R, Zhou M. Monotonicity of the principal eigenvalue for a linear time-periodic parabolic operator. Proc. AMS, 2019, 147: 5291-5302.

[43] Lou Y. On the effects of migration and spatial heterogeneity on single and multiple species. J. Differential Equations, 2006, 223: 400-426.

[44] Lou Y. Some challenging mathematical problems in evolution of dispersal and population dynamics//Friedman A, ed. Tutor. Math. Biosci. vol IV: Evolution and Ecology, Lect. Notes Mathematics vol. 1922. Springer, 2007: 171-205.

[45] Lou Y. Some reaction-diffusion models in spatial ecology (in Chinese). Sci. Sin. Math., 2015, 45: 1619-1634.

[46] Lou Y, Lutscher F. Evolution of dispersal in advective environments. J. Math Biol., 2014, 69: 1319-1342.

[47] Lou Y, Wang B. Local dynamics of a diffusive predator-prey model in spatially heterogeneous environment. J. Fixed Point Theory and its Applications, 2017, 19: 755-772.

[48] Lou Y, Xiao D M, Zhou P. Qualitative analysis for a Lotka-Volterra competition system in advective homogeneous environment. Discrete Contin. Dyn. Syst. A, 2016, 36: 953-969.

[49] Lou Y, Zhao X Q, Zhou P. Global dynamics of a Lotka-Volterra competition-diffusion-advection system in heterogeneous environments. Journal Mathematiques Pures Appliquees, 2019, 121: 47-82.

[50] Lou Y, Zhou P. Evolution of dispersal in advective homogeneous environments: The effect of boundary conditions. J. Differential Equations, 2015, 259: 141-171.

[51] Maynard Smith J, Price G. The logic of animal conflict. Nature, 1973, 246: 15-18.

[52] Milinski M. An evolutionarily stable feeding strategy in Sticklebacks. Z. Tierpsychol, 1979, 51: 36-40.

[53] Nadin G. The principal eigenvalue of a space-time periodic parabolic operator. Ann. Mat. Pur. Appl., 2009, 188: 269-295.

[54] Peng R, Zhao X Q. Effects of diffusion and advection on the principal eigenvalue of a periodic-parabolic problem with applications. Calc. Var. PDE, 2015, 54: 1611-1642.

[55] Nagahara K, Yanagida E. Maximization of the total population in a reaction-diffusion model with Logistic growth. Calc. Var., 2018, 57: 80. https://doi.org/10.1007/s00526-018-1353-7.

[56] Ni W M. The Mathematics of Diffusion. CBMS Reg. Conf. Ser. Appl. Math. 82. Philadelphia: SIAM, 2011.

[57] Peng R, Zhang G, Zhou M. Asymptotic behavior of the principal eigenvalue of a linear second order elliptic operator with small/large diffusion coefficient and its application. SIAM J. Math. Anal., 2019, 51: 4724-4753.

[58] Peng R, Zhou M. Effects of large degenerate advection and boundary conditions on the principal eigenvalue and its eigenfunction of a linear second order elliptic operator. Indiana Univ. Math J., 2018, 67: 2523-2568.

[59] Perthame B, Souganidis P E. Rare mutations limit of a steady state dispersion trait model. Math. Model. Nat. Phenom., 2016, 11: 154-166.

[60] Smith H. Monotone Dynamical Systems. Mathematical Surveys and Monographs 41. American Mathematical Society. Providence: Rhode Island, U.S.A., 1995.

[61] Speirs D C, Gurney W S C. Population persistence in rivers and estuaries. Ecology, 2001, 82: 1219-1237.

[62] Vasilyeva O, Lutscher F. Population dynamics in rivers: Analysis of steady states. Can. Appl. Math. Quart., 2011, 18: 439-469.

[63] Xiang J J, Fang Y H. Evolutionarily stable dispersal strategies in a two-patch advective environment. Discre. Cont. Dyn. Syst. B, 2019, 24: 1875-1887.

[64] Zhang B, Liu X, DeAngelis D, Ni W M, Wang G. Effects of dispersal on total biomass in a patchy heterogeneous system: Analysis and experiment. Math. Biosci., 2015, 264: 54-62.

[65] Zhao X Q, Zhou P. On a Lotka-Volterra competition model: The effects of advection and spatial variation. Calc. Var. PDE, 2016, 55: Art. 73, 25.

[66] Zhou P. On a Lotka-Volterra competition system: Diffusion vs advection. Calc. Var. PDE, 2016, 55: Art. 137, 29.

[67] Zlatoš A. Sharp asymptotics for KPP pulsating front speed-up and diffusion enhancement by flows. Arch. Rational Mech. Anal., 2010, 195: 441-453.

4 Hofstadter 蝴蝶背后的数学

尤建功[1]

Dyson 说科学家分两类：一类是大鸟型的; 另一类是青蛙型的. 他说他自己是青蛙型的. 其实 Dyson 说的只是视角问题, 没有高低之分. 马尔克斯写《百年孤独》, 海明威写《老人与海》. 一个时间跨度一百年, 一个只有一夜, 主角还只有一个老头和一条鱼; 场面和纵深差别巨大, 但同样都是不朽之作. 今天我要讲的是一个很具体的问题, 可以认为是一个青蛙型的科学家感兴趣的问题. 题目叫做 Hofstadter 蝴蝶背后的数学, 其实还涉及背后的物理, 因为我不是物理学家, 就不把物理放在题目里了.

4.1 Hofstadter 蝴蝶

Hofstadter 是一个科学家, 他自认为一只脚在艺术上, 另一只脚在科学上, 这一点和数学相似. 我们知道数学有两个特性: 一个是艺术性, 另一个是科学性. 所以我们可以认为数学的一只脚在艺术上, 另一只脚在科学上. 纯数学家可能更看重艺术的成分. 哈代就曾说过, 如果必须在真和美之间挑选一个的话, 他挑选美. 美是艺术的标准, 而真是科学的标准, 所以纯数学家有时候更像艺术家, 不太在乎是否有用, 或者说不太在乎科学性有多强, 他们做数学只受美的指引. 当然大美必有大用, 至少也可让人赏心悦目.

蝴蝶当然很美. 科学界有一只计算出来的蝴蝶很有名：Lorenz 把一个大气模型简化成一个三维常微分方程, 然后数值计算这个方程的解. 不管初值从哪里出发, 最后计算机跑出来的轨道在左右两边的翅膀上绕行. 动态地看, 这个方程的轨道有时候在左边翅膀上面绕, 有时候在右边翅膀上面绕, 有时候在左边翅膀上绕三次, 然后到右边五次, 再到左边翅膀一次, 再到右边翅膀一百次 ······. Lorenz 想看看轨道在两边翅膀上面绕的规律. 他发现即使用同样的初值进行计算, 轨道在左右两边的翅膀上绕的次数也是完全随机的. 后来大家知道每次计算过程中计

---

[1] 南开大学.

算机多少会产生一点误差, 而这个系统的轨道对误差是非常敏感的. 后来人们把这种初值敏感效应称为蝴蝶效应.

Hofstadter 蝴蝶是另一只计算出来的蝴蝶, 知道的人并不多. 其实计算很简单, 取二维矩阵

$$A(\theta, E) = \begin{pmatrix} E - 2\cos 2\pi\theta & -1 \\ 1 & 0 \end{pmatrix},$$

对任意固定的 θ 和固定的有理数 $\alpha = \dfrac{p}{q}$, 作乘积

$$A_q(\alpha, \theta, E) = A((q-1)\alpha + \theta, E) \cdots A(1 \cdot \alpha + \theta, E) \cdot A(\theta, E).$$

记 $\mathrm{Tr}(E)$ 为矩阵 $A_q(\alpha, \theta, E)$ 的迹 (trace), 即对角线元素之和, 这是一个关于 E 的 q 次多项式, 图形如图 4.1 (固定 α 和 θ).

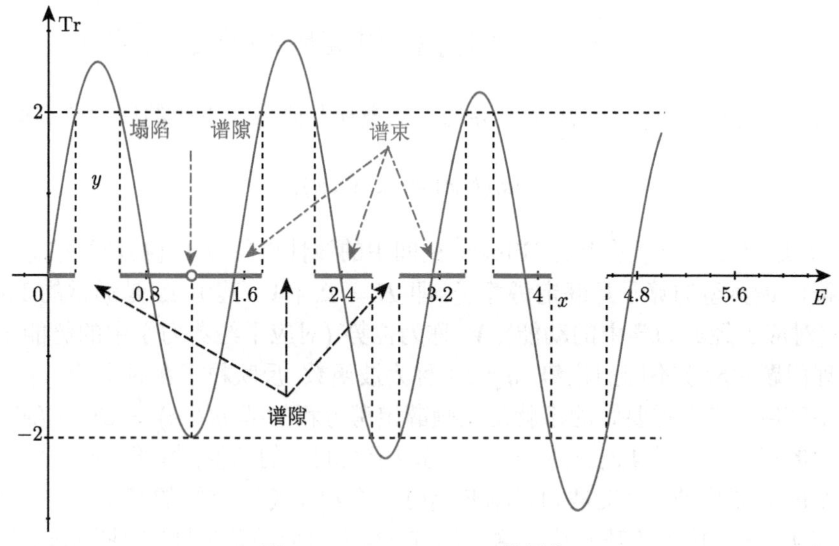

图 4.1 $\mathrm{Tr}A_q(\alpha, \theta, E)$ 的图像

Hofstadter 对有理数 α 数值计算出 $\bigcup_\theta \{E : |\mathrm{Tr}(\alpha, \theta, E)| \leqslant 2\}$, 并标在 (E, α) 平面上, 从而得到了图 4.2 (实际上他只算了 50 个有理数).

直观上, $\bigcup_{\alpha,\theta} \{E : |\mathrm{Tr}(\alpha, \theta, E)| \leqslant 2\}$(黑的集合) 的补集看上去有无穷多个连通分支, 每一个分支像一个翅膀. 和 Lorenz 蝴蝶不一样, Hofstadter 蝴蝶像一只有无穷多只翅膀的蝴蝶. 有一本科普书《量子世界中的蝴蝶——最迷人的量子分形故事》详细介绍了 Hofstadter 蝴蝶的产生过程以及背后的物理①. 读者也可以

① Indubala I Satija. Butterfly in the Quantum World. IOPScience: Morgan & Claypool Publishers, 2016.

参阅作者在数学文化上的文章《侯世达蝴蝶和十瓶干马蒂尼问题》[①]. 我们下面主要强调 Hofstadter 蝴蝶背后的数学.

图 4.2　Hofstadter 蝴蝶

4.2　准周期薛定谔方程和准周期薛定谔算子

从量子力学的观点看, 这个世界的一切奥秘都隐藏在下面的线性薛定谔方程

$$\mathrm{i}\hbar q_t(t,x)=Hq(t,x),$$

其中 H 是定义在一个适当的 Hilbert 空间中的线性自伴算子 (物理学家称为哈密顿算符). 最典型的算子是薛定谔算子, 即 $H=\Delta+V$, 其中 Δ 是通常的 Laplace 算子 (对应于经典力学中的动能), V 称为位势 (对应于经典力学中的势能); 不同的物理问题对应于不同的位势. $q(t,x)$ 称为波函数, 反映粒子在时空 (t,x) 处出现的概率密度. 我们需要做的事就是刻画薛定谔方程的解 $q(t,x)=e^{\mathrm{i}tH}q_0(x)$, 例如物理中的局域态 (图 4.3) 对应于一个局域于空间中的初值, 解随着时间的演化永远是空间局域化的, 意义是如果刚开始时一个粒子待在空间的某个地方, 随着时间的演化, 这个粒子还基本待在这个地方. 与之对应的是扩展态 (图 4.4), 这时波函数的值不会局限在空间的特定区域中, 物理意义是粒子可以自由移动.

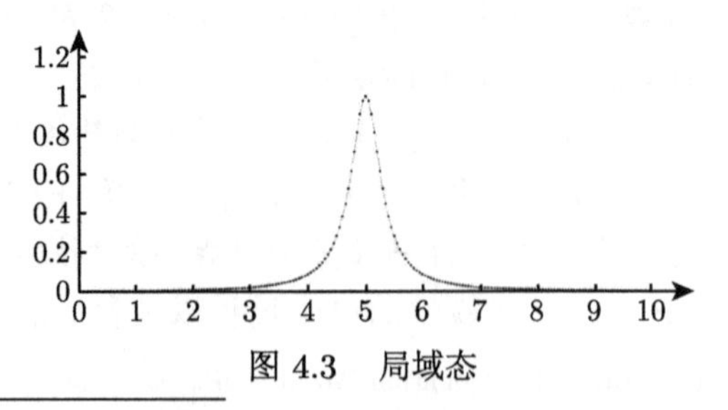

图 4.3　局域态

① 尤建功. 侯世达蝴蝶和十瓶干马蒂尼问题. 数学文化, 2019, 10: 44-49.

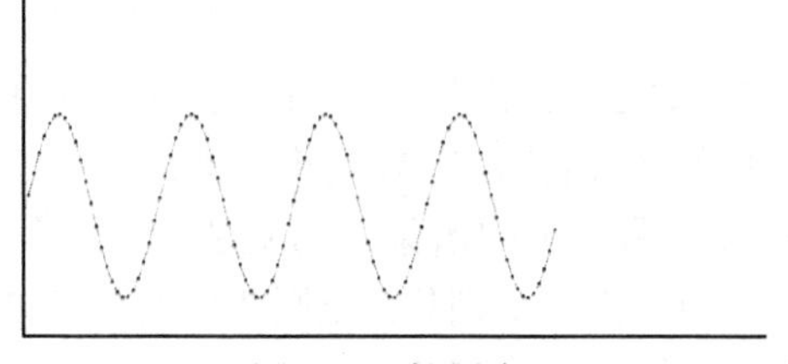

图 4.4 扩展态

对很多物理问题, 通常算子 H 只是依赖空间变量, 不依赖于时间, 即薛定谔方程是自治的. 这时 H 的谱和谱测度将完全决定波函数 $e^{itH}q_0(x)$ 的演化, 所以我们要研究算子 H. 对不同的物理问题, 有时空间是连续的, 即欧氏空间 $\mathbb{R}^n$, 这是 H 是微分算子; 有时空间是离散的, 这时 H 是差分算子. 典型的情况是薛定谔算子, 即自由 Laplace 算子加位势的形式. 连续情形为 $H^{\text{contin}} = \Delta + V(x)$ 这里 $\Delta u = \sum_{i=1}^n \dfrac{\partial^2 u}{\partial x_i^2}$, V 是 $\mathbb{R}^n$ 上的函数. 离散情形为 $H^{\text{discr}} = \Delta + V(n)$ 这里 $\Delta u(n) = \sum_{|n-m|=1} u_m$, V 是 $\mathbb{Z}^d$ 上的函数. 不同类型的位势反映不同的物理背景. 准周期位势是量子霍尔效应、准晶、拓扑绝缘体等的数学模型. 以一维离散空间为例, 这时准周期薛定谔算子由一个定义在 $\mathbb{T}^d$ 上的函数和一个 d 维有理无关的向量 $\alpha = (\alpha_1, \cdots, \alpha_d)$ 确定. 算子 H^{discr} 的形式如下

$$(Hu)_n = u_{n+1} + u_{n-1} + v(\theta_1 + n\alpha_1, \cdots, \theta_d + n\alpha_d)u_n.$$

当 $v(\theta) = 2\lambda \cos 2\pi\theta$, α 为实数时, 特殊的准周期薛定谔算子

$$(H_{\lambda,\alpha,\theta}u)_n = u_{n+1} + u_{n-1} + 2\lambda \cos 2\pi(n\alpha + \theta)u_n$$

称为 Almost Mathieu 算子, 又称为 Harper 算子, 物理学家称之为 Aubry-Andre 模型. Almost Mathieu 算子 $H_{\lambda,\alpha,\theta}$ 实际上是包含三个自由参数的算子族, 分别称为耦合常数 λ、频率 α 和相位 θ. Almost Mathieu 算子来源于量子物理, 三个参数都有明确的物理意义 (参见《量子世界中的蝴蝶》一书).

我们知道常系数微分方程的解由系数矩阵的特征值和特征向量完全确定. 薛定谔方程可以看成为无穷维的常系数微分方程, 因此可以合理推测它的解是特征值和特征向量在无穷维情形下的对应物, 即下面介绍的谱和谱测度完全确定.

4.3 准周期薛定谔算子的谱集

准周期薛定谔算子是一个线性自伴算子, 可以理解为一个无穷维实对称矩阵. 谱是矩阵特征值的推广, 是算子谱理论最重要的研究对象之一, 它表示量子物理中粒子允许带有的能量. 自伴算子的谱集是实直线的一个子集. 连续型准周期薛定谔算子是无界线性自伴算子, 谱集是无界集, 而 (有界位势) 离散型准周期薛定谔算子是有界线性自伴算子, 谱集是有界闭集. 周期位势薛定谔算子的谱总是几个区间的并, 而准周期薛定谔算子的谱集更为复杂, 有可能是康托尔集. 因为谱集是闭集, 其补集自然是开集, 称为正则集. 正则集的有界连通分支称为谱隙 (gap). 对一维空间上的准周期薛定谔算子, Johnson 和 Moser 证明了每个谱隙可按某种方式唯一对应一个整向量 (即下面的谱隙标签定理). 为了介绍这个结论, 我们首先引入积分态密度的概念. 令 $H(N)$ 为 H 在 $[-N+1,N-1]$ 上的截断. $d\rho_N$ 定义为等分布于 $H(N)$ 的特征值 $E_{-N+1}\leqslant\cdots\leqslant E_{N-1}$ 上的概率测度, 即

$$\int f(E)d\rho_N(E)=\frac{1}{2N}\sum_{i=-N+1}^{N-1}f(E_i).$$

对任意的连续函数 f 成立. 当 $N\to\infty$ 时, $d\rho_N$ 的极限描述了 H 的谱点的分布性质. 遗憾的是这个极限并不一定存在. 但是对前面介绍的准周期薛定谔算子族, 这个极限是几乎处处存在的, 且对几乎所有的 θ, $d\rho_N$ 都弱收敛于同一个测度 $d\rho$ (称为态密度), 其密度函数

$$\rho(E)=\int_{-\infty}^{E}d\rho(E')$$

称为积分态密度 (integrated density of states).

定理 4.3.1 (谱隙标签定理, Johnson-Moser[①]) *对 d 个频率的拟周期薛定谔算子的任一谱隙, 存在唯一的整向量 $k\in\mathbb{Z}^d$, 使得积分态密度 $\rho(E)$ 在这个谱隙上恒等于 $\langle k,\alpha\rangle \mod (\mathbb{Z})$.*

但是反过来不一定成立, 即有些整向量不一定有谱隙与之对应, 这时谱隙是塌陷的. 我们关心谱集长成什么样子. 因此下面两个问题很自然地被提出来, 实际上它们也是物理学家希望知道答案的问题 (图 4.5).

问题一 对什么样的 α, v, 谱集为康托尔集?

问题二 对什么样的 α, v, 每一个整向量都能成为某个谱隙的标签?

如果问题二成立, 则我们称算子的所有谱隙都是打开的. 可以证明所有谱隙打开蕴含康托尔谱问题成立, 因此第二个问题是第一个问题的加强版, 有时称为 dry version of Cantor spectrum problem, 这个问题和量子霍尔效应有关. Thouless 的诺贝尔物理学奖工作之一是给出了整数量子霍尔效应的理论解释, 他的解释建立在对于 Almost Mathieu 算子问题二成立的基础上.

---

① Johnson R, Moser J. The rotation number for almost periodic potentials. Comm. Math. Phys., 1982, 84: 403-438.

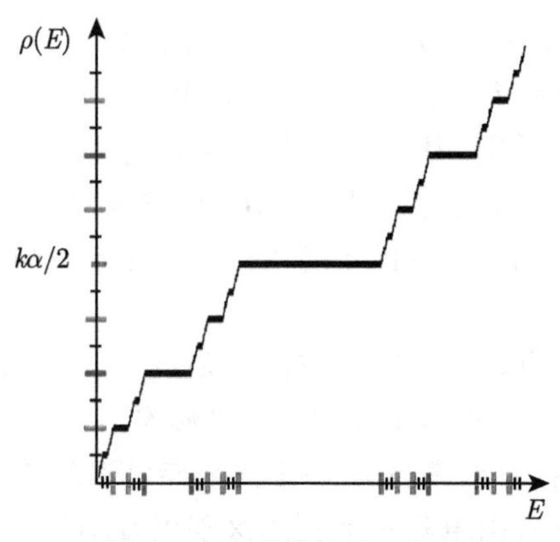

图 4.5 积分态密度 $\rho(E)$

前面的 Hofstadter 蝴蝶实际上是 Almost Mathieu 算子当 $\lambda=1$ 时标注在 (E,α) 平面上的谱点 (实际上 Hofstadter 只对 50 个有理数 α 做了计算). 根据 Hofstadter 蝴蝶这个数值结果, Kac 曾猜测对于任意的无理频率, almost Mathieu 算子的所有谱隙都是打开的, 这个问题被称为 dry Ten Martini Problem, 其弱形式被称为 Ten Martini Problem (谱集为康托尔集). Ten Martini Problem 最终由 Avila 和 Jitomirskaya 合作解决①, 这是 Avila 获 Fields 奖的主要工作之一. 当 $\lambda\neq 1$ 时 Dry Ten Martini Problem 也已被证明②, 目前 $\lambda=1$ 还没有被完全解决.

Ten Martini Problem 只针对位势是 $2\lambda\cos 2\pi x$ 的准周期薛定谔算子, 尽管很重要但是太特殊. 人们自然会问对一般的位势情况会一样吗？下面是部分结果.

定理 4.3.2 (Moser-Pöschel③, Eliasson④) *如果频率是 Diophantine 的, 则对通有的小解析位势, 一维准周期薛定谔算子的所有谱隙都是打开的.*

定理中“通有”是指开稠集的交, Diophantine 是指 α 满足

$$|\langle k,\alpha\rangle|>\frac{\gamma}{|k|^{\tau}},$$

对某个 $\gamma,\tau>0$ 以及所有 $k\neq 0$ 成立.

对于大位势情形 (对应于 AMO 中 $\lambda>1$ 的情形), 情况有所不同. 对单频率情形, Goldstein 和 Schlag⑤证明了

① Avila A, Jitomirskaya S. The ten Martini problem. Ann. Math., 2009, 170: 303-342.

② Avila A, You J, Zhou Q. Dry ten Martini problem in the non-critical case. preprint.

③ Moser J, Pöschel J. An extension of a result by Dinaburg and Sinai on quasi-periodic potentials. Commun. Math. Helv., 1984, 59(1): 39-85.

④ Eliasson H. Floquet solutions for the 1−dimensional quasi-periodic Schrödinger equation. Commun. Math. Phys., 1992, 146: 447-482.

⑤ Goldstein M, Schlag W. On resonances and the formation of gaps in the spectrum of quasi-periodic Schrödinger equations. Ann. Math., 2011, 173(2): 337-475.

定理 4.3.3 (Goldstein-Schlag) *给定一个非常数值解析大位势 $\lambda v(\lambda \gg 1)$, 我们有: 对几乎所有的频率, 算子的谱是康托尔集.*

上面两个定理可以看出, 康托尔谱在单频薛定谔算子中普遍的. 但这两个结论都有缺憾, 定理 4.3.2 对位势没有描述, 定理 4.3.3 对频率没有明确描述, 因此都给不出任何一个具体的例子. 对指定的 Diophantine 底频证明定理 4.3.3 仍是一个未解决的公开问题.

对于多个底频情形, 这个结论是不对的. 最近 Goldstein-Schlag-Voda ①证明了

定理 4.3.4 (Goldstein-Schlag-Voda) *设频率 $\alpha \in \mathbb{T}^d (d \geqslant 2)$ 是 Diophantine 的, 则存在一大类解析位势频率为 α 的准周期薛定谔算子, 其谱是一个区间.*

从这个定理中可以看出单频与多频的区别以及小位势和大位势的区别. 到目前为止还没有看到一个小位势, 谱集不是康托尔集的例子, 也没有单频情形谱集不是康托尔集的例子. 因此我们有下面的问题.

问题三 对小位势或单频准周期薛定谔算子, 谱集是否一定为康托尔集, 进一步对什么样的位势所有谱隙都是打开的?

后面我们会看到康托尔谱问题可以用动力系统的语言陈述: 在某个特定的单参数族动力系统中, 一致双曲系统是否是稠的?

4.4 准周期薛定谔算子的谱测度和局域化

我们下面仍以一维离散薛定谔算子为例. 给定 Hilbert 空间 $\ell^2(\mathbb{Z})$ 上的一个自伴算子 H 以及 $\ell(\mathbb{Z})$ 中的一个向量 ϕ, 我们可以如下定义实直线上的测度. 首先定义有界连续函数空间 $C_b(\mathbb{R})$ 上的泛函 $f \to \langle f(H)\phi, \phi\rangle$. 由 Riesz 表示定理, 存在 $\mathbb{R}$ 上的测度 $d\mu^\phi$ 使得

$$\langle f(H)\phi, \phi\rangle = \int_{\mathbb{R}} f(E) d\mu^\phi(E),$$

其中 $d\mu^\phi$ 关于 Lebesgue 测度可以分解成三个分量

$$d\mu^\phi = d\mu^\phi_{ac} + d\mu^\phi_{sc} + d\mu^\phi_{pp}.$$

第一个分量关于 Lebesgue 测度绝对连续; 第二个关于 Lebesgue 测度奇异连续; 第三个为点测度, 只支撑在至多可数个点集上. 前两个分量是无限维空间中特有的, 在有限维空间中不存在, 而第三个是有限维矩阵的特征值的直接推广. 如果分解中只有第一个分量, 称为纯绝对连续谱, 同理, 如果分解中只有第二个分量, 称为纯奇异连续谱, 如果分解中只有第三个分量, 则称为纯点谱.

① Goldstein M, Schlag W, Voda M. On the spectrum of multi-frequency quasiperiodic Schrödinger operators with large coupling. Invent. Math., 2019, 217(2): 603-701.

谱测度是算子谱理论中最重要的研究对象之一 (另一个是前面介绍的谱集), 它可以刻画薛定谔方程解的演化性态.

定理 4.4.1 (RAGE 定理) (a) 如果 $d\mu^\phi$ 是纯点谱, 即 $d\mu^\phi = d\mu^\phi_{pp}$, 则对任意的 ε, 存在 N 使得

$$\sum_{|n|\geqslant N} |\langle \delta_n, e^{-itH}\phi\rangle|^2 < \varepsilon.$$

(b) 如果 $d\mu^\phi$ 是连续的, 即 $d\mu^\phi = d\mu^\phi_{ac} + d\mu^\phi_{sc}$, 则对任意的 $N > 0$,

$$\lim_{T\to\infty} \frac{1}{2T}\int_{-T}^{T} \sum_{|n|\leqslant N} |\langle \delta_n, e^{-itH}\phi\rangle|^2 dt = 0.$$

(c) 如果 $d\mu^\phi$ 是纯绝对连续的, 即 $d\mu^\phi = d\mu^\phi_{ac}$, 则对任意的 $N > 0$,

$$\lim_{T\to\infty} \sum_{|n|\leqslant N} |\langle \delta_n, e^{-itH}\phi\rangle|^2 = 0.$$

RAGE 定理有明确的物理意义, 事实上, $\sum_{|n|\geqslant N} |\langle \delta_n, e^{-itH}\phi\rangle|^2$ 是粒子待在空间区域 $|n| < N$ 中的概率. 例如 (a) 告诉我们纯点谱时, 对任意小的 ε, 可以在空间中画一个半径为 N 的圈, 粒子跑出这个圈的概率为 ε (物理学家认为足够小的数为零, 即物理学家心中有一个尺度, 当事件发生的概率小于这个尺度时, 就认为不会发生).

RAGE 定理有一个缺陷: 例如 (a) 中当 ε 被设定后, RAGE 定理没有告诉我们 N 到底有多大. 如果 N 大的离谱, 则 RAGE 定理对物理学家没有实际意义 (物理学家把太大的数看成无穷大). Anderson 在研究电子在无序系统传播 (对应于随机薛定谔算子) 时发现了一个奇妙的现象: 特征向量在概率意义下总是指数衰减的①. 后来人们发现这是一个普遍的现象, 现在这一现象称为 Anderson 局域化 (Anderson 局域化). Anderson 因为这个发现获得诺贝尔物理学奖. 动力学局域化 (动力学局域化) 是指当初值是空间 $\ell(\mathbb{Z})$ 中的指数衰减序列时, 薛定谔方程的解在任意时刻在空间中仍是一个衰减很快 (通常是指数速率) 的序列, 物理解释是如果粒子最初待在空间的某个 (有界) 区域中, 随着时间的演化, 粒子大概率不会离开这个区域. 换句话说, 纯点谱情形, 如果 ϕ 是一个指数衰减的序列, 则 RAGE 定理中的 N 不会太大, 大概是 $|\log\varepsilon|$ 的量级. 例如, 粒子开始时待在空间某点处, 将来它跑到 1000 米外的概率为 e^{-1000}, 这个估计当然很重要.

准周期薛定谔算子的 Anderson 局域化和更进一步的动力学局域化也是重要的研究课题, 这些研究对理解薛定谔方程解的长时间行为很重要.

① 从定义上看, 特征向量只是 $\ell(\mathbb{Z})$ 中的一个向量, 不一定衰减得很快.

对一维离散薛定谔算子，我们只要把 $d\mu^{e_0}$ 和 $d\mu^{e_1}$ 研究清楚就行了[①]，因为其他的 ϕ 产生的谱测度是这两个测度的组合. 通常会称 $d\mu = d\mu^{e_0} + d\mu^{e_1}$ 为薛定谔算子的谱测度. 谱测度什么时候纯绝对连续，什么时候纯奇异连续，什么时候为纯点谱，什么时候是混合谱，什么时候有 Anderson 局域化，什么时候有动力学局域化都是人们关心的重要问题. 通常物理问题中的位势会具有 λv 的形式. 现在人们知道，对充分光滑的小位势，通常是纯绝对连续谱 (导体)；而当位势很大时，通常会是奇异谱，奇异谱是奇异连续谱还是纯点谱 (绝缘体) 是一个更微妙的问题，它会依赖于相位 θ 和频率 α 的数论性质. 当 λ 从小变到大时，可以期待有一个或两个分界点 λ^*，这种点称为相变点. 对 Almost Mathieu 算子，现在已经知道得比较清楚，其他位势知之甚少.

定理 4.4.2 (Avila[②], Avila-You-Zhou[③], Jitomirskaya-Liu[④]) 设 $\alpha \in \mathbb{R}\backslash\mathbb{Q}$，则

(1) 当 $|\lambda| < 1$ 时，$H_{\lambda,\alpha,\theta}$ 对所有的 θ 只有纯绝对连续谱；

(2) 当 $1 \leqslant |\lambda| < e^{\beta}$ 时，$H_{\lambda,\alpha,\theta}$ 对所有的 θ 只有奇异连续谱；

(3) 当 $|\lambda| > e^{\beta}$ 时，$H_{\lambda,\alpha,\theta}$ 对几乎所有的 θ 只有点谱，且有 Anderson 局域化.

其中 $\beta(\alpha)$ 定义如下：$\beta(\alpha) := \limsup\limits_{n\to\infty} \dfrac{\ln q_{n+1}}{q_n} > 0$，这里 $\dfrac{p_n}{q_n}$ 为 α 的最佳有理逼近.

最近人们知道第一个相变点 $\lambda = 1$ 处为纯奇异连续谱[⑤]，第二个相变点处，还要根据 α 更精细的数论性质来判断[⑥].

对于一般的位势，尽管有 Bourgain-Goldstein[⑦]等的结果，上述谱问题还远没有搞清楚. 人们尚不清楚产生 Anderson 局域化，以及动力学局域化的机制，也给不出一个关于 α, v 的可验证的条件来保证 Anderson 局域化. 这方面的最新进展可参看 Ge-You-Zhou[⑧].

还有一个重要的问题叫迁移率边 (mobility edge). 迁移率边来源于三维的随机薛定谔算子，对于一维准周期的薛定谔算子，对某些位势 (其实应该是大多数位

---

① e_0 记为 $\ell^2(\mathbb{Z})$ 中 0 号位置的分量为 1，其他分量为 0 的向量，e_1 记为 $\ell^2(\mathbb{Z})$ 中 1 号位置的分量为 1，其他分量为 0 的向量.

② Avila A. The absolutely continuous spectrum of the almost Mathieu operator. arXiv: 0810.2965.

③ Avila A, You J, Zhou Z. Sharp Phase transitions for the almost Mathieu operator. Duke Math. J., 2017, 166: 2697-2718.

④ Jitomirskaya S, Liu W. Universal hierarchical structure of quasi-periodic eigenfunctions. Ann. of Math., 2018, 187(3): 721-776.

⑤ Jitomirskaya S. On point spectrum of critical almost Mathieu operators. preprint

⑥ Avila A, Jitomirskaya S, Zhou Q. Second phase transition line. Math. Ann., 2018, 370(1-2): 271-285.

⑦ Bourgain J, Goldstein M. On nonperturbative localization with quasi-periodic potential. Ann. Math., 2000, 152: 835-879.

⑧ Ge L, You J, Zhou Q. Exponential dynamical localization: Criterion and applications. arXiv: 1901.04258.

势), 可能在小能量一端是点谱, 大能量一端是连续谱, 这时可以期待中间有一个分界点 E^*(或几个分界点), 这种点称为迁移率边. 迁移率边更加复杂, 目前仍是凝聚态物理的一个重要研究对象, 而其数学研究刚刚开始.

4.5 准周期薛定谔 Cocycles

空间一维离散型准周期薛定谔算子的特征方程分别为

$$(Hu)_n = u_{n+1} + u_{n-1} + v(n\alpha + \theta)u_n = Eu_n,$$

其等价于

$$\begin{pmatrix} u_{n+1} \\ u_n \end{pmatrix} = \begin{pmatrix} E - v(n\alpha+\theta) & -1 \\ 1 & 0 \end{pmatrix} \begin{pmatrix} u_n \\ u_{n-1} \end{pmatrix} = A^n \begin{pmatrix} u_1 \\ u_0 \end{pmatrix},$$

这里

$$A^n = \begin{pmatrix} E - v(n\alpha+\theta) & -1 \\ 1 & 0 \end{pmatrix} \cdots \begin{pmatrix} E - v(\theta) & -1 \\ 1 & 0 \end{pmatrix}.$$

我们知道要想把算子 H 的谱搞清楚, 只要把上面方程的解都搞清楚. 而要把上面的方程的解搞清楚, 只要把下面的动力系统 (α, S_E^v) 研究清楚:

$$(\alpha, S_E^v):\ \mathbb{T}^d \times \mathbb{R}^2 \to \mathbb{T}^d \times \mathbb{R}^2,$$

$$(\theta, w) \mapsto (\theta + \alpha, S_E^v(\theta) \cdot w),$$

这里

$$S_E^v(\theta) = \begin{pmatrix} E - v(\theta) & -1 \\ 1 & 0 \end{pmatrix}.$$

这是一个斜积动力系统, 称为 cocycle, 其中 $\mathbb{T}^d$ 称为底空间, $\mathbb{R}^2$ 称为纤维空间. 这样算子谱问题就转化成了研究一类特殊的动力系统问题. 从算子的角度看, 只有把 v, α, θ 都定下来, 算子才被定下来. 因此研究特定算子的谱问题等价于研究上面的单参数族动力系统在底空间的一条轨道上解的性态. 换句话说, 如果能对某些 v, α, θ 把单参数族动力系统 (以能量 E 作为参数) 的轨道性质完全研究清楚, 则相应算子的谱性质也就完全清楚了. 所以动力系统方法近年来成为研究算子谱理论的一个重要方法. 对这类动力系统, 我们可以定义 Lyapunov 指数、旋转数、一致双曲、非一致双曲、可约性、加速子等概念.

Lyapunov 指数：对给定的准周期 cocycle(α, S_E^v), 由 Kingman 次可加遍历定理, 极限

$$L(\alpha, S_E^v) =: \lim_{n\to\infty} \frac{1}{n} \log \|A^n(\theta)\|,$$

对几乎所有的 θ 存在且极限和 θ 无关, 这里 $A^n(\theta) = S_E^v(\theta + (n-1)\alpha)\cdots S_E^v(\theta)$. 我们称 $L(\alpha, S_E^v)$ 为 (α, S_E^v) 的 Lyapunov 指数. 当 $L(\alpha, S_E^v) > 0$ 时, 由 Oseledec 定理, 对几乎所有的 $\theta \in \mathbb{T}^d$, 存在纤维空间 $\mathbb{R}^2$ 的可测分解 $\mathbb{R}^2 = E_s(\theta) \bigoplus E_u(\theta)$, $L > 0$ 以及可测函数 $C(\theta)$ 使得对任意的 $v \in \mathbb{R}^2$ 和几乎所有的 $\theta \in \mathbb{T}^d$, 有

$$\forall n \geqslant 0,\ \forall v \in E_s(\theta), \quad \|A^n(\theta)v\| \leqslant C(\theta)e^{-nL}\|v\|,$$

$$\forall n \geqslant 0,\ \forall v \in E_u(\theta), \quad \|A^{-n}(\theta)v\| \leqslant C(\theta)e^{-nL}\|v\|.$$

我们称 cocycle(α, S_E^v) 是一致双曲的, 如果 $E_s(\theta), E_u(\theta)$ 和 $C(\theta)$ 都是连续的. $L(\alpha, S_E^v) > 0$ 且不是一致双曲的系统被为非一致双曲系统. 从动力系统的角度, 我们可以提出如下问题.

问题四 对什么样的 α 和 v, 一致双曲系统在单参数族 (α, S_E^v) 中稠密? (等价于 Cantor 谱问题)

问题五 $L(\alpha, S_E^v)$ 关于 α, E, v 是连续的吗? 会不会有某种正则性, 如可微、Lipschitz、Hölder 等?

由定义可以知道 Lyapunov 指数是上半连续的, 从而对所有的 α, E, v 是连续的. 另外, 在零指数处的连续性和一致双曲处的光滑性都是显然的, 但是在非一致双曲处的连续性一点也不显然. 对于正则性, 我们的期望值不要太高, 因为即使 v 为常数, Lyapunov 指数在某些 E 点处也只有 Hölder 连续.

Lyapunov 指数的连续性和正则性是动力系统领域的基本问题, 在算子谱理论中也很重要. 但这个问题挺复杂, 它依赖 α 的数论性质, 例如在有理的 α 处 Lyapunov 指数一般不连续. 连续性问题还与我们在多大的拓扑空间中考虑有关, 例如有下面的结论.

定理 4.5.1 (Furman①, Bochi②) 任何非一致双曲的 cocycle 在 C^0 拓扑下都是零指数 cocycle 的极限点.

上面的结果说明, 在 C^0 拓扑下, 除了平凡的连续点, Lyapunov 指数在其他地方 (非一致双曲处) 都不连续. 之所以这样, 是 C^0 空间太大. 如果把空间限制得小一点, 情况就完全不一样了.

---

① Furman A. On the multiplicative ergodic theorem for the uniquely ergodic systems. Ann. Inst. Henri Poincaré, 1997, 33: 797-815.

② Bochi J. Genericity of zero Lyapunov exponents. Ergodic Theory Dynam. Systems, 2002, 22: 1667-1696.

定理 4.5.2 (Bourgain-Jitomirskaya①, Jitomirskaya-Koslover-Schulteis②) 解析 cocycle (α, S_E^v) 对无理数 α, 所有的 E, v 在解析拓扑下连续.

继而人们自然猜测该定理在 C^∞ 函数空间中也成立. 出乎意料的是这是不对的.

定理 4.5.3 (Wang-You③) 在 C^∞ 拓扑下中, Lyapunov 指数为零 cocycle 的极限点集合可以包括正 Lyapunov 指数系统.

这说明, C^∞ 拓扑可能会出现不连续的情况, 这和解析拓扑很不一样. C^∞ 和 C^0 拓扑也不一样, 在 C^∞ 空间中, 某些非一致双曲处也可能连续④. 这说明 C^∞ 空间中的现象更丰富.

Lyapunov 指数的正则性比连续性更加微妙, 它会和 α 的数论性质密切关联, 如果 α 是 Diophantine 数, 则 Lyapunov 指数比较容易是 Hölder 的; 反之, 如果 α 是 Liouville 数, 则常常不会 Hölder. 我们不再详细介绍, 读者可参看相关文献⑤.

除了动力系统自身的兴趣之外, Lyapunov 指数通过下面的 Thouless 公式与 Kotani 理论和算子谱理论建立联系.

定理 4.5.4 (Thouless 公式)

$$L(\alpha, S_E^v) = \int_{\mathbb{R}} \ln |E - t| d\rho(t),$$

这里 $\rho(\cdot)$ 是 H 的积分态密度.

由 Thouless 公式、Lyapunov 指数和积分态密度互为 Hilbert 变换, 我们知道 Lyapunov 指数的 Hölder 连续性和积分态密度的 Hölder 连续性是等价的. 另外, 尽管数学上不是很严格, 物理学家常把 Lyapunov 指数大于零作为 Anderson 局域化的判据.

定理 4.5.5 (Kotani 理论⑥) 对 Lebesgue 测度意义下几乎所有的 $\theta \in \mathbb{T}^d$, 我

---

① Bourgain J, Jitomirskaya S. Continuity of the Lyapunov exponent for quasiperiodic operators with analytic potential. Journal of Statistical Physics, 2002, 108: 1203-1218.

② Jitomirskaya S, Koslover D, Schulteis M. Continuity of the Lyapunov exponent for general analytic quasiperiodic cocycles. Ergodic Theory and Dynamical Systems, 2009, 29: 1881-1905.

③ Wang Y, You J. Examples of discontinuity of lyapunov exponent in smooth quasi-periodic cocycles. Duke Math. J., 2013, 162: 2363-2412.

④ Wang Y, Zhang Z. Uniform positivity and continuity of Lyapunov exponents for a class of C^2 quasiperiodic Schrödinger cocycles. JFA, 2015, 268(9): 2525-2585.

⑤ Avila A, Last Y, Shamis M, Zhou Q. On the abominable properties of the Almost Mathieu operator with well approximated frequencies. preprint.

⑥ Kotani S. Lyaponov indices determine absolutely continuous spectra of stationary random onedimensional Schrödinger operators//Ito K, ed. Stochastic Analysis. North Holland: Amsterdam, 1984: 225-248.

们有

$$\Sigma_{ac}(H_\theta) = \overline{\{E \in \mathbb{R} : L(\alpha, S_E^v) = 0\}}^{\text{ess}},$$

这里 Σ_{ac} 为谱测度绝对连续分量的支集, 右端指 Lyapunov 指数为零的 E 集合的本性闭包 (essential closure).

从而由 Kotani 理论, 我们知道应该在 Lyapunov 指数等于零的地方找绝对连续谱.

可约性: 这是另一个重要的动力系统概念. 我们知道共轭是动力系统的一个基本概念. 如果两个动力系统是共轭的, 我们通常把它们看成是一样的. 我们称 (α, S_E^v) 是 C^r 可约的, 如果可以 C^r 共轭于一个常 cocycle, 即存在 C^r 的 $B : 2\mathbb{T}^d \to \mathrm{SL}(2, \mathbb{R})$ 以及常矩阵 $C \in \mathrm{SL}(2, \mathbb{R})$ 使得

$$B(\cdot + \alpha) S_E^v(\cdot) B(\cdot)^{-1} = C.$$

可约与否和 α 的数论性质、v 的光滑性及大小都有密切关系. 通常对 Diophantine 频率 α, 充分光滑且充分小的 v 可以期待可约性. 即使这样可约性还依赖积分态密度 $\rho(E)$ 的数论性质. 一般情况下不能期望对所有的 E 可约. 因此我们需要下面弱一点的概念.

我们称 (α, S_E^v) 是 C^r 几乎可约的, 如果存在两列 C^r 矩阵函数 $B_n : 2\mathbb{T}^d \to \mathrm{SL}(2, \mathbb{R})$, $F_n : 2\mathbb{T}^d \to \mathrm{sl}(2, \mathbb{R})$ 以及一列常矩阵 $A_n \in \mathrm{sl}(2, \mathbb{R})$ 使得

$$B_n(\cdot + \alpha) S_E^v(\cdot) B_n(\cdot)^{-1} = e^{A_n + F_n(\cdot)},$$

且 F_n 在 C^r 拓扑下收敛到零. 这里我们对 B_n 的收敛性没做要求, 如果 B_n 也是收敛的, 则是前面定义的可约性.

通常情况下, 算子的绝对连续谱支撑在几乎可约的能量 E 处. 如果想把可约性应用到算子谱理论中, 对 B_n, F_n 的定量估计非常重要. 我们称同时给出 B_n, F_n 定量估计的几乎可约性为定量几乎可约性. 近年来, 定量几乎可约性理论成为研究薛定谔算子谱理论的重要方法, 读者可参阅《定量几乎可约性及其应用》①.

4.6 结　　语

拟周期薛定谔算子谱理论, 它来源于物理整数值量子霍尔效应、准晶体、拓扑相变的研究, 而这三项均为诺贝尔奖结果, 为了给出这些物理现象的理论解释, 核心是研究准周期薛定谔算子. 准周期薛定谔算子又是一个有趣的数学研究对象, 和数学的很多分支都有关联 (如调和分析、数论、动力系统、算子代数等), 吸引

① You J. Quantitative almost reducibility and applications. Proceedings ICM, 2018.

了很多一流数学家 (如 Moser、Sinai、Bourgain、Avila 等) 从不同角度, 用不同方法进行研究. 目前仍有许多问题没有解决. 本文基于在中科院数学与系统科学研究院的讲座, 不是一篇正式的综述报告, 没有追求面面俱到, 有很多重要的结果和方法没有被提及. 本文旨在引起读者的兴趣, 进而去更深入地了解这个专题.

5 计算电磁学的数学方法

陈志明[1]

数学是通过数学模型在现实世界中发挥作用的. 数学模型是对已知实验事实的近似数学归纳. 借助于数学模型, 人们可以预测和发现新的科学现象, 或者在科学的基础上开展工程实践. 好的数学模型的建立往往是一个极富创造力的过程, 需要科学家洞察实验现象背后的原因、创造或者运用合适的数学工具, 有时候还要有一些运气才能成功.

在建立数学模型的过程中, 准确可靠地求解数学模型无疑起着重要的作用. 20 世纪 40 年代, 计算机的发明极大地拓展了人们求解数学模型的范围和能力. 计算数学, 作为研究计算机上运行的数值方法及其数学理论的学科, 逐渐得到越来越多的重视.

计算电磁学的出发点是描述电磁现象的麦克斯韦方程组. 在人类通过建立数学模型来探索自然奥秘的历史中, 麦克斯韦方程组无疑是一个成功的典范. 本文将首先简要回顾麦克斯韦方程组的历史, 然后介绍计算电磁学的若干数学方法, 包括自适应有限元方法、辐射边界条件、完美匹配层方法和波源转移算法等的基本思想.

5.1 麦克斯韦方程组

建立麦克斯韦方程组的出发点是三个实验定律. 第一个概念是电场强度, 它是单位正电荷在空间中所受到的力. 由在 1785 年发现的库仑定律, 如果在空间点 y 处有点电荷 q, 则电场强度为

$$E(x) = q\,\frac{x-y}{|x-y|^3}.$$

因此如果电荷密度为 ρ, 则对应的电场强度为

$$E(x) = \int_{\mathbb{R}^3} \rho(y)\,\frac{x-y}{|x-y|^3}dy = -\nabla \int_{\mathbb{R}^3} \frac{\rho(y)}{|x-y|}dy.$$

① 中国科学院数学与系统科学研究院.

高斯研究了上面这个函数, 他在 1813 年发现了高斯散度定理和第一个麦克斯韦方程, 也就是高斯定律

$$\mathrm{div}E = 4\pi\rho. \tag{5.1}$$

有意思的是, 距离的平方反比这个数学关系在物理中并不是唯一出现的. 另外一个出现的地方是牛顿的万有引力定律. 拉普拉斯从牛顿的著作出发研究天体力学问题, 他在 1808 年得到著名的拉普拉斯方程, 也就是, 在电荷密度 $\rho = 0$ 的地方成立

$$\Delta u = 0, \quad \text{其中} \ u = \int_{\mathbb{R}^3} \frac{\rho}{|x-y|} dy. \tag{5.2}$$

在 $\rho \neq 0$ 的地方, 拉普拉斯犯了一个错误, 他认为还是 $\Delta u = 0$. 这个错误是他的学生泊松在 1813 年改正的. 一直到今天, (5.2) 的证明还是基于高斯散度定理.

我们看到, 同一个数学模型, 例如, 距离平方反比关系, 可以描述不同的物理现象. 但是库仑定律和牛顿万有引力定律在性质上是不同的. 库仑定律是实验定律, 而牛顿万有引力定律却是一个假设. 牛顿在 1687 年研究了二体问题, 证明了重力的平方反比关系可以推出开普勒三大实验定律, 由此提出了万有引力定律. 后来, 万有引力定律被许多实验所验证, 甚至引导人们发现了太阳系新的行星, 成为具有普遍应用价值的理论. 牛顿的方法, 也就是假设检验的方法, 成为科学研究的普遍方法. 应当说, 科学研究发现真理的思维方法和数学的演绎推理方法是不同的, 但是同样精彩和迷人.

麦克斯韦方程组的第二步是基于 1820 年发表的毕奥-萨伐尔定律, 这个定律是对闭合线圈受力的研究. 根据这个定律, 物理学家定义在闭合线圈 C 里流动的稳恒电流 I 产生的磁感应强度为

$$B(x) = \frac{1}{c}\int_C \frac{Idl \times (x-y)}{|x-y|^3}, \quad c = 2.9 \times 10^{10} \ \text{cm/sec}.$$

因此, 如果 J 是电流密度, 则

$$B(x) = \frac{1}{c}\int_{\mathbb{R}^3} \frac{J(y) \times (x-y)}{|x-y|^3} dy = -\frac{1}{c}\int_{\mathbb{R}^3} J(y) \times \nabla_x \left(\frac{1}{|x-y|}\right) dy.$$

利用恒等式 $\nabla \times (\psi A) = \nabla\psi \times A + \psi\nabla \times A$,

$$B(x) = \frac{1}{c}\nabla \times \int_{\mathbb{R}^3} \frac{J(y)}{|x-y|} dy.$$

再应用向量恒等式 $\nabla \times \nabla \times A = \nabla(\mathrm{div}A) - \Delta A$, 得到

$$\nabla \times B(x) = \frac{1}{c}\nabla\left(\mathrm{div}\int_{\mathbb{R}^3} \frac{J(y)}{|x-y|} dy\right) - \frac{1}{c}\Delta\int_{\mathbb{R}^3} \frac{J(y)}{|x-y|} dy.$$

注意到稳恒电流的假定推出 $\text{div}J = 0$, 利用高斯散度定理就得到

$$\nabla \times B = \frac{4\pi}{c} J.$$

根据定义, 我们显然有第四个麦克斯韦方程

$$\text{div}B = 0.$$

下一个麦克斯韦方程是基于 1831 年发现的法拉第定律. 如果 S 是一个边界为 C 的曲面, 它的法向量是 n, 则

$$\int_C E \cdot dl = -\frac{1}{c} \frac{\partial}{\partial t} \int_S B \cdot n \, ds.$$

由 Stokes 公式

$$\int_C E \cdot dl = \int_S \nabla \times E \cdot n \, ds,$$

我们得到第三个麦克斯韦方程

$$\nabla \times E + \frac{1}{c} \frac{\partial B}{\partial t} = 0.$$

在上面的推导中, Stokes 公式起着关键作用. Stokes 公式最早是开尔文勋爵在 1850 年 7 月 2 日给 Stokes 的一封信中提出的. Stokes 在 1854 年把这个公式作为当年 Smith 奖的考题. 麦克斯韦参加了那一次考试, 获得了并列第一. 很有可能, 麦克斯韦是在那一次考试中知道 Stokes 公式的, 那一年, 麦克斯韦 23 岁, 距离他发表完整的电磁学方程组还有 7 年.

到现在为止, 在我们的讨论中还没有麦克斯韦的创造. 麦克斯韦把这四个方程写到一起

$$\text{div}E = 4\pi\rho, \qquad \nabla \times B = \frac{4\pi}{c} J, \tag{5.3}$$

$$\nabla \times E + \frac{1}{c} \frac{\partial B}{\partial t} = 0, \qquad \text{div}B = 0. \tag{5.4}$$

他观察到上面的方程不对称. 原因是在第二个方程的推导中用到了稳恒电流 $\text{div}\ J = 0$ 的假定. 如果电流随时间变化应该怎么办? 当时没有任何实验结果. 他注意到电荷守恒定律

$$\frac{\partial \rho}{\partial t} + \text{div}J = 0.$$

这时利用高斯定律就有

$$\operatorname{div}\left(J+\frac{1}{4\pi}\frac{\partial E}{\partial t}\right)=0.$$

1861 年, 麦克斯韦用 $J+\frac{1}{4\pi}\frac{\partial E}{\partial t}$ 代替了 (5.3) 中第二个方程里的 J, 得到了正确的第二个麦克斯韦方程

$$\nabla\times B-\frac{1}{c}\frac{\partial E}{\partial t}=\frac{4\pi}{c}J.$$

上面这一步是麦克斯韦天才的一步, 谁也不清楚他是怎么会有这个灵感的. 他增加的那一项被称为位移电流.

做了这样的修正以后, 在数学上, 麦克斯韦方程组变成了一个波动方程组, 波的速度是方程里的常数 c. 这个常数是由实验测量得到的, 它与光速相同, 麦克斯韦据此预测光是一种电磁波.

现在, 麦克斯韦方程组被誉为是人类历史上最伟大的几个方程之一, 但在当时却得不到承认. 据记载, 麦克斯韦曾经去找法拉第, 给法拉第讲他的这些想法, 法拉第说, 你别和我讲这些东西, 我不想要数学公式来破坏我的电力线. 尽管如此, 麦克斯韦自己对他的方程组是非常有信心的, 他曾经专门写文章, 用牛顿力学的概念解释位移电流的意义, 不过, 这些解释和我们今天教科书的解释并不一致.

麦克斯韦方程组得到承认是在他去世二十年以后. 1901 年, 德国物理学家赫兹用实验证明了电磁波的存在性, 测出电磁波传播的速度跟光速相同, 全面验证了麦克斯韦电磁理论的正确性. 关于麦克斯韦方程组历史的更多的讨论, 可以阅读台湾交通大学邵景昌的文章 [14].

5.2 自适应有限元方法

麦克斯韦方程组是一组偏微分方程. 有限元方法是偏微分方程计算方法发展史上的重大进展, 其重要性在于有限元方法具有坚实的数学基础. 基于有限元后验误差估计的自适应有限元方法不但具有最优计算复杂性, 而且使得偏微分方程计算的定量误差控制成为可能. 我们将在 5.3 节讨论自适应有限元方法对电磁场计算问题的应用. 在这一节, 我们将简要介绍有限元方法的发展历史和自适应有限元方法的基本思想.

有限元方法源于偏微分方程变分法的研究, 它的历史也是一个数学和工程实践相互促进的生动的例子. 变分法起源于 1696 年莱布尼茨给约翰・伯努利的一封信, 信中提出了著名的最速下降线问题. 在数学上, 最速下降线问题归结为找一

个函数 y, 它使下面的泛函达到最小

$$T=\int_a^b \frac{\sqrt{1+y'^2}}{\sqrt{2gy}}\,dx,$$

这里 g 是重力加速度. 这个问题在十七八世纪得到许多著名数学家的关注, 欧拉在 1807 年研究了一般泛函的变分问题

$$J(y)=\int_a^b L(x,y,y')dx.$$

他推导了上面泛函达到极小的曲线所满足的常微分方程. 这样, 变分问题就归结为常微分方程问题, 可以借助于求解常微分方程的技巧来解决.

偏微分方程的变分法是一个逆过程, 它把偏微分方程的求解化成某个泛函的极小化问题来研究. 1851 年, 黎曼在他的博士学位论文中提出了所谓的 Dirichlet 原理, 也就是, 给定区域 D 和区域边界上的函数 g, 下面的泛函

$$\min_{u=g\in\partial\Omega}\int_\Omega |\nabla u|^2 dx \tag{5.5}$$

存在极小解. 但是, 黎曼没有给出 Dirichlet 原理的证明. 容易看出这个极小解满足拉普拉斯方程. 后来, 魏尔斯特拉斯指出, Dirichlet 原理的问题在于无穷维空间中的极小值不一定能达到. 另一方面, 黎曼在 Dirichlet 原理的假设下得到了许多有意义的结果. 1901 年, 希尔伯特证明了在区域、边值和容许函数的适当条件下, Dirichlet 原理确实成立, 从而挽救了 Dirichlet 原理.

在希尔伯特工作的启发下, 哥廷根大学的博士研究生 Ritz 在 1909 年提出了著名的 Ritz 方法, 它在有限维空间中求解 (5.5), 把得到的解作为拉普拉斯方程边值问题的近似解. 1915 年, Galerkin 提出了在有限维空间中求解 (5.5) 的弱形式的 Galerkin 方法. 但是, Ritz 和 Galerkin 在他们的论文里没有提出用分片多项式来构造有限维空间. 1943 年, Courant 在一篇论文的附录中提出了用分片线性函数来计算拉普拉斯方程边值问题的想法, 这篇论文被认为是有限元方法的第一篇论文. Courant 在他的论文里没有给出方法的收敛性证明.

20 世纪 50 年代, 波音公司的工程师开始用计算机来分析飞机结构的应力分布. 1960 年, 工程师 Clough 引入有限元这个名词来替代以前的名词直接刚度方法, 同样的方法在苏联和我国被称为基于变分原理的差分格式. 1962 年, Melosh 在他的博士学位论文中建立了 Clough 的有限元方法和变分原理等价的关系, 从此有限元方法在工程界得到普遍应用. 1965 年, NASA 开始了有限元软件 NASTRAN 的研制计划, 这个软件的后续版本一直到今天还在被使用. 工程界把有限

元方法看成是一个数学模型，于是没有收敛性的概念，有限元计算结果的正确性通过和实验结果比较来验证.

有限元方法的数学观点是把有限元看成是偏微分方程的计算方法，因此需要研究方法的收敛性. 1962 年, Friedrichs 对线性元证明了有限元方法在 Sobolev 空间 H^1 意义下的收敛性. 1963 年, Oganesjan 对 H^2 光滑的解证明了误差估计. 我国数学家冯康在 1965 年独立于西方证明了有限元方法的收敛性，他的结果包括带有悬点的四边形网格. 1978 年, Ciarlet 出版了有限元方法的专著 [7]，在统一的框架下，证明了工程师构造的各种单元的收敛性. 读者可在 Babuska 的论文 [2] 中找到关于有限元方法历史的更多材料.

我们以一个例子来介绍有限元方法的基本思想. 考虑二阶散度型变系数椭圆方程，它的齐次边值问题的弱形式是：求 $u \in H_0^1(\Omega)$，使得

$$\int_\Omega a(x)\nabla u \cdot \nabla v \, dx = \int_\Omega fv \, dx, \quad \forall v \in H_0^1(\Omega). \tag{5.6}$$

这里 $H_0^1(\Omega)$ 是区域 Ω 上所有函数及其导数都平方可积，并且在边界上为零的函数全体. 记 $\mathcal{M}_h$ 是 Ω 的形状正则的三角形剖分, $V_h \subset H_0^1(\Omega)$ 是网格 $\mathcal{M}_h$ 上的分片线性多项式空间. 有限元方法是求 $u_h \in V_h$，使得

$$\int_\Omega a(x)\nabla u_h \cdot \nabla v_h \, dx = \int_\Omega f v_h \, dx, \quad \forall v_h \in V_h.$$

可以证明，有限元方法的解满足下面的误差估计

$$|\!|\!| u - u_h |\!|\!|_\Omega \leqslant Ch^\sigma \|u\|_{H^{1+\sigma}(\Omega)}, \quad 0 \leqslant \sigma \leqslant 1, \tag{5.7}$$

其中 C 是某个与网格尺寸无关的常数, $h = \max\limits_{K \in \mathcal{M}_h} h_K$，能量范数定义为 $|\!|\!|\phi|\!|\!|_\Omega^2 = \int_\Omega a(x)|\nabla \phi|^2 \, dx$. 这里收敛阶 σ 依赖于解的光滑性. 如果解是 H^2 光滑的，我们得到线性有限元方法的最优收敛性.

下面的例子说明如果解不光滑，那么有限元方法就会收敛得很慢. 令 $\Omega = (-1,1) \times (-1,1)$，我们在 Ω 内求解扩散方程 (5.6). 方程的系数在第一、第三象限 $a(x) \approx 161.45$，在第二、第四象限 $a(x) = 1$. 1975 年, Kellogg 在极坐标下构造了这个问题的一个解析解 $u = r^{0.1}\mu(\theta)$，其中 μ 是一个光滑函数. 可以证明 $u \in H^{1+\sigma}(\Omega)$，$\sigma < 0.1$.

我们用线性有限元方法在图 5.1 所示的一致网格上计算. 在 128×128 网格上，能量误差是 0.85，在 512×512 网格上，误差是 0.79，在 1024×1024 网格上，误差是 0.69，方法的收敛阶是 0.08，这和 (5.7) 的理论结果吻合. 根据 (5.7)，如果

想让误差减少到 0.1 话, 需要 $10^{11}\times 10^{11}$ 网格, 这远远超出了一般计算机的能力. 所以, 对于这个简单的问题, 网格一致加密的有限元方法无法得到满意的结果.

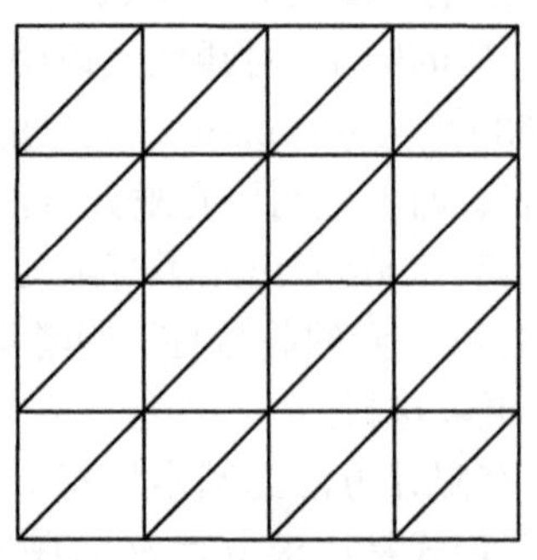

图 5.1 一致加密的计算网格

在数学上, 有许多办法可以解决上面的困难. 最成功的无疑是自适应有限元方法. 自适应有限元方法的基本思想是寻找合适的网格, 使得有限元离散误差在网格的单元上平均分配. 但是由于精确解事先未知, 误差无法计算. 这个困难可以通过后验误差估计来解决. 在 1978 年发表的开创性论文中, Babuska 和 Rheinboldt 给出了一个后验误差估计的方法, 但是这个后验误差估计不是完全可计算的. 1987 年, Babuska 和 Miller 提出了一个完全可计算的后验误差估计.

定理 5.2.1 (Babuska-Miller, 1987) 我们有

$$\|u-u_h\|_\Omega \leqslant C\left(\sum_{K\in\mathcal{M}_h}\eta_K^2\right)^{1/2},$$

其中

$$\eta_K^2 = \|\, h_K f\,\|_{L^2(K)}^2 + \sum_{e\subset\partial K}\|\, h_e^{1/2} J_e\,\|_{L^2(e)}^2,$$

这里, 若 e 是 K_1, K_2 的公共边, ν_e 是 ∂K_1 的外法向,

$$J_e = \big((a(x)\nabla u_h)|_{K_1} - (a(x)\nabla u_h)|_{K_2}\big)\cdot\nu_e.$$

在上面定理中, 因为在每个单元上, u_h 是线性函数, $f = f + \Delta u_h$ 可以看成是有限元解在单元上的残量. 类似地, J_e 可以看成是有限元解在单元边上的残量. 因此, 上面的后验误差估计称为是残量型后验误差估计. 他们在论文里也证明了上面的后验误差估计也是误差的整体下界. 1989 年, 德国数学家 Verfürth 证明了, 上面的单元后验误差估计子 η_K 事实上也刻画了有限元解的局部误差.

定理 5.2.2 (Verfürth, 1989) 我们有

$$\|u-u_h\|_{K^*}^2 \geqslant C_1\eta_K^2 - C_2 \sum_{T\subset K^*} \| h_T(f-f_T)\|_{L^2(T)}^2,$$

其中 $f_T = \dfrac{1}{|T|}\displaystyle\int_T f\,dx\ \forall T\in\mathcal{M}_h$, K^* 是 K 及其相邻的三个单元的并集. C_1, C_2 是与网格无关的常数.

基于后验误差估计和误差平均分配策略, 自适应有限元方法是一个迭代法, 每一步迭代在当前网格上计算有限元解, 然后根据下面的方法标记需要加密的单元

$$\text{如果}\quad \eta_K > \frac{1}{2}\max_{K\in\mathcal{M}_h}\eta_K, \qquad \text{标记}\quad K\in\mathcal{M}_h.$$

然后加密所有被标记的单元, 产生新的网格, 进行下一步迭代. 大量的计算实践表明, 自适应有限元方法具有拟最优计算复杂性, 也就是 $\|u-u_h\|_\Omega \approx CN^{-1/d}$. 自适应有限元方法的拟最优计算复杂性后来也得到了证明.

如果用自适应有限元方法来计算 Kellogg 非光滑解的例子, 自适应方法自动产生图 5.2 的网格, 这个网格只有 2673 个节点, 能量误差为 0.07451, 小于 0.1.

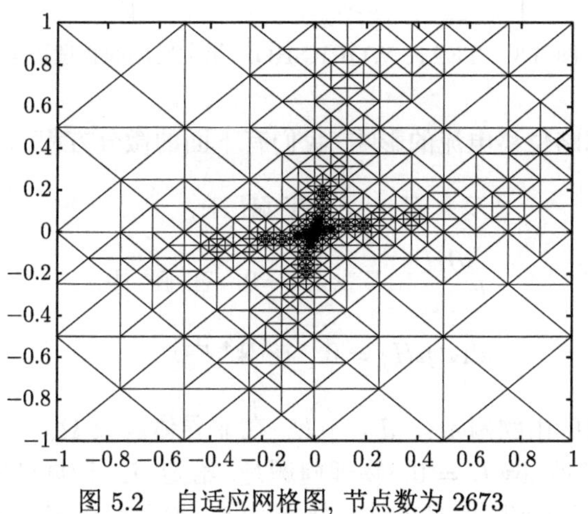

图 5.2 自适应网格图, 节点数为 2673

自适应有限元方法具有拟最优计算复杂性, 它的加密策略以严格的数学理论为基础, 这和工程界基于直观的自适应加密策略不同. 其次, Babuska 和 Miller 的后验误差估计定理对所有的弱解都成立, 这和先验误差估计 (5.7) 依赖于解的正则性不同. 最后, 自适应有限元方法的计算过程给出了误差下降的定量信息, 这是现有的任何其他的数学方法都不能做到的. 因此, 有限元后验误差估计理论和自适应有限元方法在过去三十多年中得到了广泛的关注和应用.

5.3 电磁涡流模型的自适应有限元方法

电磁涡流模型也称为拟稳态电磁模型, 它在麦克斯韦方程组中忽略了位移电流. 当激发电流的频率很小时, 电磁涡流模型是麦克斯韦方程组的一个很好的近似.

电磁涡流模型的计算在电气工程界有重要的应用. 以计算大型变压器金属中的电磁损耗为背景, 国际计算电磁学会组织了称为 TEAM WORKSHOP 的基准测试题库. 图 5.3 是其中第七问题的物理场景. 它是我们在 2000 年初开始研究电磁场计算方法的第一个问题. 这个问题是中国科学院数学研究所梁国平研究员向我们提出的, 后来保定天威集团的程志光副总工程师在物理建模方面给我们提供了许多帮助.

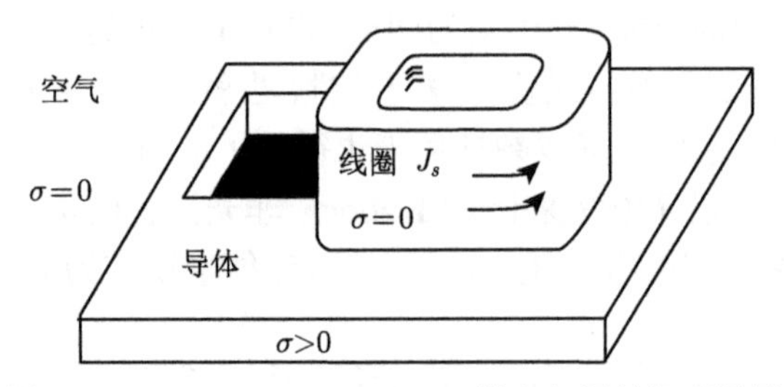

图 5.3 TEAM WORKSHOP 第七问题的物理场景

在数学上, 忽略位移电流的影响, 我们有下面的微分方程

$$\nabla\times H=J \quad 在\ \mathbb{R}^3\ 中, \tag{5.8}$$

$$\mu\frac{\partial H}{\partial t}+\nabla\times E=0 \quad 在\ \mathbb{R}^3\ 中, \tag{5.9}$$

$$\operatorname{div}(\mu H)=0 \quad 在\ \mathbb{R}^3\ 中. \tag{5.10}$$

在导体区域 Ω_c 中, 由欧姆定律 $J=\sigma E$. 在非导体区域 $\Omega_s=\mathbb{R}^3\backslash\bar{\Omega}_c$ 中, $J=J_s$ 为激发电流, 它满足 $\operatorname{div}J_s=0$. 物理问题是, 给定 J_s, 计算导体中的涡流电磁损耗. 涡流电磁损耗在实际中是无法直接测量的, 但是可以根据导体中的磁场强度 H 的分布计算得到. 因此, 我们的问题变成如何计算导体中的磁场强度 H.

方程 (5.8)—(5.10) 定义在整个空间 $\mathbb{R}^3$ 上, 我们需要将此问题化为有界区域上的问题进行计算. 因为 $\operatorname{div}J_s=0$, 由 Stokes 定理, 存在 H_s, 使得 $J_s=\nabla\times H_s$. 事实上, 由毕奥-萨伐尔定律

$$H_s=\nabla\times A_s,\qquad A_s=\frac{1}{4\pi}\int_{\mathbb{R}^3}\frac{J_s(y)}{|x-y|}dy.$$

令 $H_0 = H - H_s$. 则在 Ω_s 中, 由 (5.8), $\nabla \times H_0 = 0$. 于是存在一个势函数 ψ 使得 $H_0 = \nabla\psi$. 根据电磁能量的有限性, 我们可以假设 $H \in L^2(\mathbb{R}^3)^3$. 因此, H 在无穷远处趋于零. 在实际计算中, 我们用一个长方体区域 Ω 包括 Ω_c, 在区域 Ω 的边界上, 令

$$\frac{\partial \psi}{\partial n} = -H_s \cdot n, \qquad \text{在 } \partial\Omega \text{ 上}, \tag{5.11}$$

这里 n 是 $\partial\Omega$ 的单位外法向.

需要指出的是, 和忽略位移电流的影响一样, 边界条件 (5.11) 是用数学模型来描述电磁涡流现象的一部分, 它是实际情况的一个近似. 我们的实际计算结果和电气工程师的测量结果符合得非常好, 说明这是一个好的数学模型.

现在我们考虑电磁涡流数学模型的计算方法. 在非导体区域, 我们用 H^1 协调线性有限元方法来离散 ψ. 在导体区域, 合适的 Sobolev 空间是

$$H(\mathrm{curl};\Omega_c) = \{v \in L^2(\Omega_c)^3 : \nabla \times v \in L^2(\Omega_c)^3\}.$$

$H(\mathrm{curl})$ 协调的有限元是法国数学家 Nedelec 在 1980 年提出的. 如果 K 是一个四面体, 最低价 Nedelec 单元的有限元空间是

$$P(K) = \{u = a_K + b_K \times x : a_K, b_K \in \mathbb{R}^3\}.$$

它的自由度, 也就是 $P(K)$ 的对偶空间 $P(K)'$ 的基函数, 定义为

$$N(K) = \left\{ M_e : M_e(u) = \int_e u \cdot dl, \quad \forall K \text{ 的边 } e, \quad \forall u \in P(K) \right\}.$$

上面单元的自由度定义在四面体的边上, 因此 Nedelec 有限元也被称为棱单元. Nedelec 有限元是有限元方法数学理论的重要进展, 也是计算电磁学的基础性工作. 但是, Nedelec 在提出棱单元以后, 遭到很多非议, Nedelec 也因此不再从事有限元方法的研究. 后来, 他在边界元方法的研究中也取得了重要的成果.

1993 年, 美国电气工程师金建铭出版了专著《电磁场有限元方法》, 书中指出了棱单元相比于工程界传统有限元方法的优势. 2002 年, 美国数学家 Arnold[1], 瑞士数学家 Hiptmair[11] 进一步研究了离散微分形式和离散 de Rham 复型. 今天, 外微分有限元已经成为有限元方法数学理论的重要研究方向. 读者可在美国数学家 Monk 的专著 [12] 中找到麦克斯韦方程组有限元方法的详细内容.

在 [16] 中, 我们在导体区域用 Nedelec 有限元, 在非导体区域用线性协调有限元, 构造了电磁涡流问题的协调有限元方法, 建立了全离散方法的有限元后验误差估计, 并设计了时空自适应有限元方法, 文中的自适应方法的计算结果和电气工程师的实际测量结果符合得非常好. 这个工作引起了德国电气工程师 Clemens 等的注意 [8], 他们指出"从实用的观点看, 离散误差的自动控制相当有吸引力, 耗费时间的, 通过反复调参数来验证数值结果的过程不再需要了".

下面一个电磁涡流问题的应用和低频集成电路电流信号的模拟有关. 集成电路的模拟基于基尔霍夫电流定律, 数学上用一个常微分方程组来描述, 方程组的系数如电容、电阻和电感等需要通过计算电磁场问题来得到. 这类问题被称为集成电路的寄生参数提取问题, 是复旦大学微纳电子学院的曾璇教授在 2005 年向我们提出的.

记 Ω 为计算区域, $\Omega_c \subset \Omega$ 为导体区域, 它通过边界上的 N 个电极 $S_1, S_2, \cdots, S_N$ 和外部正弦电压器相连. 我们记 $\Gamma = \partial\Omega$, $\Gamma_e = \bigcup_{i=1}^{N} S_j$. 集成电路寄生参数提取的数学模型可以用频域上的电磁涡流模型来描述

$$\nabla \times E = -\mathbf{i}\omega\mu H, \quad \nabla \times H = \sigma(x)E, \qquad \text{在 } \Omega \text{ 中}, \tag{5.12}$$

$$(\nabla \times E) \cdot n = 0 \ \text{ 在 } \Gamma\backslash\bar{\Gamma}_e \text{ 上}, \quad E \times n = 0, \qquad \text{在 } \Gamma_e \text{ 上}. \tag{5.13}$$

(5.13) 的第一个边界条件要求磁场强度的法向分量为零, 这是实际情况的一个近似, 是用数学模型来描述电磁涡流现象的一部分.

实际问题的边界条件是给定端口的电压差, 计算端口的电流, 从而得到需要的寄生参数. 这是一个电磁场和电路耦合的建模问题. 我们注意到, (5.13) 的第二个边界条件可以推出, 在 Γ_e 上, $(\nabla \times E) \cdot n = 0$. 于是

$$(\nabla \times E) \cdot n = 0 \ \text{ 在 } \Gamma \text{ 上}.$$

由 Helmholtz 分解定理, 存在 $\Phi \in H_0(\text{curl}; \Omega)$, $U \in H^1(\Omega)$ 使得 $E = \Phi - \nabla U$. 由 (5.13) 中的第二个条件, 在每个端口 S_j 上, $U = U_j$, 其中 U_j 是常数. 进一步, 因为在边界上 $n \times \Phi = 0$, 对于边界上的任一闭曲线 γ, $\int_\gamma E \cdot dl = 0$, 因此 U_j 确实给出了端口的电压.

在此基础上, 我们在 [4] 中推导了寄生参数提取问题 (5.12)—(5.13) 的一个等价形式

$$\nabla \times \nabla \times A + \mathbf{i}\omega\sigma\mu A = -\sigma\mu\nabla\phi_0 + \mu J_s \qquad \text{在 } \Omega \text{ 中}, \tag{5.14}$$

$$A \times n = 0 \qquad \text{在 } \Gamma \text{ 上}, \tag{5.15}$$

这里 A 是磁向量势, ϕ_0 是任意给定的一个函数, 它在端口 S_j 上, $\phi_0 = U_j$, $j = 1, 2, \cdots, N$. 电场强度 $E = -\mathbf{i}\omega A - \nabla\phi_0$. 可以证明端口的电流不依赖于 ϕ_0 的选取. 在 [4] 中, 我们建立了问题 (5.14)—(5.15) 的适定性, 用 Nedelec 有限元方法离散的后验误差估计, 提出了自适应有限元方法, 并比较了我们的方法和其他数学模型 FastImp 的实际计算结果.

偏微分方程计算的最后一步是离散方程的计算方法. 对于椭圆型方程, 多重网格方法是一类高效算法. 现代多重网格方法起源于 1977 年以色列数学家

Brandt 的开创性论工作. 1999 年, Hiptmair 提出了麦克斯韦方程的多重网格方法, 后来德国数学家进一步发展了麦克斯韦方程的自适应多重网格方法. 我们在计算 TEAM WORKSHOP 第七问题时, 就用了自适应多重网格方法. 我们的计算程序是在德国数学家 Schmidt 和 Siebert 研制的软件包 ALBERT 基础上开发的. 如果离散问题所对应的网格几何信息缺失, 代数多重网格方法[15] 是求解离散椭圆型方程的一个很好的选择 (图 5.4).

并行计算在三维偏微分方程的实际计算中不可缺少. 2005 年起, 中国科学院数学与系统科学研究院张林波研究员独立开发了并行自适应有限元软件平台 PHG. 我们的论文 [4] 中的计算程序就是在 PHG 上开发的, 其中我们用到了 Hiptmair 和许进超提出的 HX 预条件子. 2010 年, 中国科学院数学与系统科学研究院崔涛和复旦大学曾璇、朱恒亮在天河二号上进行了加法器电路的并行自适应有限元模拟, 网格规模达到 10 亿. 图 5.5 显示了计算网格图, 图中黑色的地方表示网格得到了加密. 对于 10 亿个单元的网格, 用经验的方法决定网格加密的位置和程度是不可想象的. 这个例子充分说明了基于后验误差估计的自适应有限元方法在实际应用中的威力.

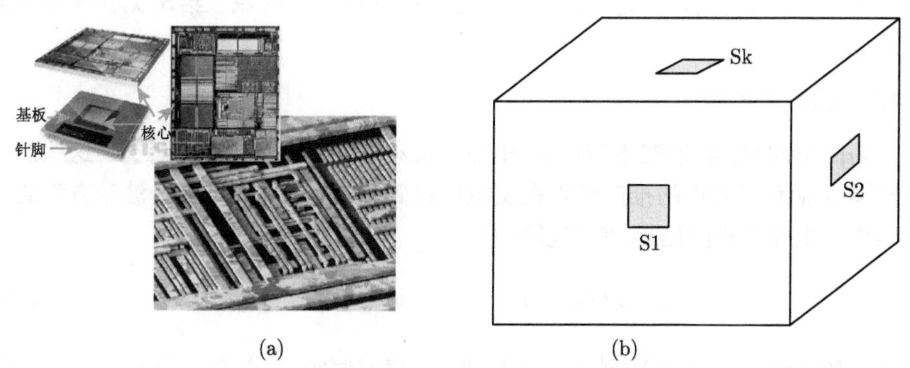

图 5.4 图 (a) 是集成电路图, 图 (b) 是参数提取问题的计算区域

图 5.5 加法器电路和自适应网格图, 单元数为 10 亿

5.4 散射问题的完美匹配层方法和波源转移算法

电磁涡流问题是麦克斯韦方程组在低频时的近似数学模型. 当激发电流是高频时, 就需要计算完全的麦克斯韦方程组. 当介质的介电系数为 ε, 磁导系数为 μ 时, 消去麦克斯韦方程组中的磁感应强度得到

$$\varepsilon \frac{\partial^2 E}{\partial t^2} - \nabla \times \mu^{-1}(\nabla \times E) = \frac{\partial J}{\partial t}, \tag{5.16}$$

其中 J 是电流密度. 这是一个向量波动方程. 对上面的方程关于时间作傅里叶变换, 也就是, 令 $E(x,t) = \mathrm{Re}\,[\hat{E}(x)e^{-\mathbf{i}\omega t}]$, $\omega > 0$ 是频率, 我们得到下面的时谐麦克斯韦方程

$$\nabla \times \mu_r^{-1}(\nabla \times \hat{E}) - k^2\varepsilon_r \hat{E} = \mathbf{i}k\mu_0^{1/2}\hat{J}, \tag{5.17}$$

这里 $\mu_r = \mu/\mu_0, \varepsilon_r = \varepsilon/\varepsilon_0$ 是相对介电系数和磁导系数, μ_0, ε_0 是真空中的介电系数和磁导系数, $k = \omega\sqrt{\varepsilon_0\mu_0}$ 称为波数. 求解 (5.17) 的第一个困难是确定无穷远处的边界条件, 使得问题是适定的. 进而考虑如何在有界区域上给出无界区域问题的近似.

5.4.1 辐射边界条件

为简单起见, 我们在本节中以 Helmholtz 方程为例介绍有关思想. 这些想法对时谐麦克斯韦方程的推广可以在文献中找到. Helmholtz 方程是波动方程关于时间作傅里叶变换的结果, 它可以写为

$$\Delta u + k^2 u = f \quad \text{在 } \mathbb{R}^d \text{ 中}, \quad d = 1,2,3, \tag{5.18}$$

这里波数 $k(x) = \omega/c(x)$, $c(x) > 0$ 是波速. 我们假定 $c(x)$ 在一个紧集外为常数, f 在一个紧集外为零.

我们首先介绍 Sommerfeld 辐射边界条件. 为此先假设 $d = 3$, 并且 $k(x)$ 是常数, 这时 Helmholtz 方程的基本解是 $G(x,y) = \dfrac{e^{\mathbf{i}k|x-y|}}{4\pi|x-y|}$, 它满足

$$\Delta G(x,y) + k^2 G(x,y) = -\delta_y(x) \quad \text{在 } \mathbb{R}^3 \text{ 中}.$$

若 f 的支集包含在以原点为球心, 半径为 R 的球 B_R 中, 则对任意的 $x \in B_R$, 下面的积分表示式成立

$$u(x) = -\int_{B_R} G(x,y)f(y)dy + \int_{\partial B_R} \left(\frac{\partial u(y)}{\partial r(y)} G(x,y) - \frac{\partial G(x,y)}{\partial r(y)} u(y) \right) dy, \tag{5.19}$$

这里 $r(y)=|y|$. 显然 (5.19) 右边的第二项积分不依赖于 R. 辐射边界条件是在无穷远处, 对 u 加上合适的条件, 使得这个积分为零, 也就是

$$\lim_{R\to\infty}\int_{\partial B_R}\left(\frac{\partial u(y)}{\partial r(y)}G(x,y)-\frac{\partial G(x,y)}{\partial r(y)}u(y)\right)dy=0. \tag{5.20}$$

易见 $G(x,y)=O(r(y)^{-1})$, $\dfrac{\partial G(x,y)}{\partial r(y)}=O(r(y)^{-1})$. 如果我们要求

$$u(y)=O(r(y)^{-1}),\qquad \frac{\partial u(y)}{\partial r(y)}=O(r(y)^{-1}),\qquad \text{当}\, r(y)\to\infty\,\text{时},$$

并不能证明 (5.20) 成立. 1898 年, Sommerfeld 观察到 $\dfrac{\partial G(x,y)}{\partial r(y)}-\mathbf{i}kG(x,y)=O(r(y)^{-2})$, 他证明了, (5.20) 在下面的边界条件下成立

$$u\to 0,\quad r\left(\frac{\partial u}{\partial r}-\mathbf{i}ku\right)\to 0,\qquad \text{当}\, r\to\infty\,\text{时}. \tag{5.21}$$

后来, 人们发现 (5.21) 的第一个极限是第二个极限的推论. 此后, (5.21) 的第二个极限被称为 Sommerfeld 辐射边界条件. 在物理上, 这个边界条件可以解释为只允许有向外辐射的波.

在 Sommerfeld 辐射条件下, 常系数 Helmholtz 方程存在唯一解, 并且可以表示为

$$u(x)=-\int_{\mathbb{R}^3}G(x,y)f(y)dy.$$

遗憾的是, 对于一般变系数的 Helmholtz 方程, 上面的推导不成立. 1943 年, Rellich 证明了变系数 Helmholtz 方程在 Sommerfeld 辐射条件下解的唯一性, 这是 Helmholtz 方程偏微分方程理论上的重要结果.

也许有人要问, 物理问题的解是唯一的, 证明描述物理问题的数学模型的解是唯一的有什么现实的意义呢? 对于这一问题, Sommerfeld 在 1949 年出版的专著中指出, “有了唯一性 …… 我们可以对于数学问题的唯一解就是自然界中真实发生的解更有信心了”. 事实上, 数学模型的解只是现实世界某一现象的近似描述, 如果我们证明了数学模型和物理实验具有同样的性质, 那么, 我们对提出的数学模型确实描述了物理现实会更有信心. 当然, 数学模型最终仍然需要靠物理实验来证实, 这是数学在现实世界中发挥作用的困难. 也正因为如此, 我们需要开展交叉科学研究.

基于唯一性, Helmholtz 方程解的存在性可以在适当的泛函分析框架下得到证明. 对于分层介质中的 Helmholtz 方程, 无穷远处的 Sommerfeld 辐射条件通常

不成立. 这时需要别的方法来定义 Helmholtz 方程的解. 以 (5.18) 为例, 一个一般的方法是所谓的极限吸收原理 (limiting absorption principle), 也就是, 对于任意 $\varepsilon > 0$, 考虑下面的方程

$$\Delta u_\varepsilon + (1+\mathbf{i}\varepsilon)k(x)^2 u_\varepsilon = f, \quad 在\ \mathbb{R}^d\ 中.$$

由 Lax-Milgram 引理, 上面的问题存在唯一解 $u_\varepsilon \in H^1(\mathbb{R}^3)$. 如果 u_ε 当 $\varepsilon \to 0$ 时极限的存在性得到证明, 那么这个极限就被定义为 Helmholtz 方程的散射解. 对于在紧支集外为常波数的 Helmholtz 方程, 可以证明极限吸收原理和 Sommerfeld 辐射条件所定义的解相等.

5.4.2　完美匹配层方法

现在我们讨论如何在有界区域上求解 Helmholtz 散射问题. 考虑二维的方程

$$\Delta u + k(x)^2 u = f(x), \quad 在\ \mathbb{R}^2\ 中, \tag{5.22}$$

$$\sqrt{r}\left(\frac{\partial u}{\partial r} - \mathbf{i}ku\right) \to 0, \quad 当\ r = |x| \to \infty\ 时. \tag{5.23}$$

假定 f 的支集包含在 $B_l = \{x \in \mathbb{R}^2 : |x_j| < l_j, j = 1, 2\}$ 中, 并且在 B_l 外 $k(x)$ 为常数. 定义 B_l 的边界 Γ_l 上的 Dirichlet 到 Neumann 映射 $\mathbb{T} : H^{1/2}(\Gamma_l) \to H^{-1/2}(\Gamma_l)$. 对于任意 $g \in H^{1/2}(\Gamma_l)$, 我们解 Helmholtz 方程的外问题

$$\Delta w + k^2 w = 0 \quad 在\ \mathbb{R}^2\ 中,$$

$$w = g\ \ 在\ \Gamma_l\ 上, \quad \sqrt{r}\left(\frac{\partial w}{\partial r} - \mathbf{i}kw\right) \to 0, \ \ 当\ r = |x| \to \infty\ 时.$$

由散射问题解的存在唯一性, 我们可以定义 $\mathbb{T}g = \dfrac{\partial w}{\partial \nu}$, 其中 ν 是 Γ_l 上的外法向. 利用 Dirichlet 到 Neumann 映射, 问题 (5.22)—(5.23) 等价于

$$\Delta u + k(x)^2 u = f(x) \quad 在\ B_L\ 中,$$

$$\frac{\partial u}{\partial \nu} = \mathbb{T}u \quad 在\ \Gamma_l\ 上.$$

由于映射 $\mathbb{T}$ 是非局部的, 在实际计算中必须作近似. 1977 年, 在地球物理领域波场分解思想的启发下, 美国数学家 Engquist 和 Majda 提出了著名的吸收边界条件, 它给出了映射 $\mathbb{T}$ 一种系统的近似方法, 在工程界和数学界产生了重大影响, 引发大量后继研究. 应用吸收边界条件的困难在于, 为了提高近似的精度, 在边界上必须使用高阶微分算子, 这给离散方法的设计带来困难.

1994 年, 法国物理学家 Berenger 提出了完美匹配层 (perfectly matched layer, PML) 方法, 这是一种全新的处理无界区域波动问题的方法. PML 方法在包含 B_l 的矩形 $B_L=\{x\in\mathbb{R}^2:|x_j|<L_j,j=1,2\}$ 上求解一个带局部边界条件的偏微分方程, 通过设计在 PML 层 $B_L\backslash\bar{B}_l$ 的厚度和微分方程的系数, 可以使得 PML 方法指数收敛. 因此, PML 方法成为一种非常有吸引力的方法. Berenger 的论文是针对麦克斯韦方程组提出的, 这个方法后来被用来计算各种无界区域上的波动问题.

我们以复坐标拉伸的观点来介绍 PML 方法的基本思想, 这是美国电气工程师 Chew 和 Weedon 在 1994 年提出的. 考虑一维的 Helmholtz 方程

$$u''+k(x)^2u=f(x)\quad \text{在 } \mathbb{R} \text{ 上},$$

$$u'-\mathbf{i}ku\to 0\ \ \text{当} x\to\infty \text{时};\qquad u'+\mathbf{i}ku\to 0,\ \ \text{当 } x\to-\infty \text{ 时},$$

其中 f 在 $(-l,l)$ 外等于零. 于是当 $x>l$ 时 $u=c_+u^{\mathbf{i}kx}$; 当 $x<-l$ 时, $u=c_-e^{-\mathbf{i}kx}$, 其中 c_+,c_- 是常数. 定义复坐标拉伸变换

$$x\to\tilde{x}=\int_0^x\alpha(t)dt=\begin{cases} x+\mathbf{i}\displaystyle\int_{-l}^x\sigma(t)dt, & x<-l,\\ x, & |x|\leqslant l,\\ x+\mathbf{i}\displaystyle\int_l^x\sigma(t)dt, & x>l.\end{cases}$$

这里 $\alpha(t)=1+\mathbf{i}\sigma(t)$ 为 PML 系数, $\sigma(t)=\sigma(-t)$, $\sigma(t)\geqslant 0$, 当 $|t|\leqslant l$ 时, $\sigma(t)=0$.

定义 u 在整个 $\mathbb{R}$ 上的 PML 延拓

$$\tilde{u}(x)=u(\tilde{x})=\begin{cases} c_-e^{-\mathbf{i}kx}e^{k\int_{-l}^x\sigma(t)dt}, & x<-l,\\ u(x), & |x|\leqslant l,\\ c_+e^{\mathbf{i}kx}e^{-k\int_l^x\sigma(t)dt}, & x>l.\end{cases}$$

易见 $\tilde{u}$ 满足方程

$$\frac{d^2\tilde{u}}{d\tilde{x}^2}+k(x)^2\tilde{u}=f(x).$$

由链式法则, $\tilde{u}$ 满足 PML 方程

$$\frac{d}{dx}\left(\alpha(x)^{-1}\frac{d\tilde{u}}{dx}\right)+\alpha(x)k(x)^2\tilde{u}=f(x)\quad \text{在 } \mathbb{R} \text{ 中}.$$

于是, 求解一维 Helmholtz 方程的 PML 方法是

$$\frac{d}{dx}\left(\alpha(x)^{-1}\frac{d\hat{u}}{dx}\right)+\alpha(x)k(x)^2\hat{u}=f(x)\quad \text{在 } (-L,L) \text{ 中},\tag{5.24}$$

$$\hat{u} = 0 \quad 在 x = \pm L 处. \tag{5.25}$$

这是在 $(-L, L)$ 上 PML 方程的齐次边值问题. 一维 PML 问题 (5.24)—(5.25) 的稳定性和收敛性比较容易证明.

对于二维 Helmholtz 方程散射问题, 我们可以类似地定义复坐标拉伸变换, 得到下面的 PML 问题

$$\operatorname{div}(A\nabla\hat{u}) - k^2 J\hat{u} = Jf, \qquad 在\ B_L\ 中, \tag{5.26}$$

$$\hat{u} = 0, \qquad 在\ \Gamma_L\ 上, \tag{5.27}$$

其中 $A(x) = \operatorname{diag}\left(\dfrac{\alpha_2(x_2)}{\alpha_1(x_1)}, \dfrac{\alpha_1(x_1)}{\alpha_2(x_2)}\right)$ 为对角矩阵, $J(x) = \alpha_1(x_1)\alpha_2(x_2)$, 其中, $\alpha_j(x_j) = 1 + \mathbf{i}\sigma(x_j)$, $j = 1, 2$, 是对应的复坐标拉伸变换. 注意到 $\alpha(x_j)$ 只依赖于 x_j, 在文献中, 这个方法被称为单轴 PML 方法 (uniaxial PML), 这是由电气工程师 Sacks, Kongsland, Lee 和 Lee 在 1995 年提出的.

1998 年, Lassas 和 Sommersalo, Collino 和 Monk 最早分别研究了圆形区域上 PML 方法的数学理论. 2012 年, Bramble 和 Pasciak 提出了证明二维和三维单轴 PML 方法稳定性的一种一般方法. 我国数学家在 PML 方法的数学理论上也做出了重要贡献.

2003 年, 我们针对光栅问题提出了自适应 PML 方法, 它利用后验误差估计确定 PML 层厚度和吸收系数, 并利用网格自适应方法来求解 PML 方程, 从而解决了 PML 方法在实际应用中的参数选取问题. 有兴趣的读者可在 [6] 中找到 PML 方法数学理论的相关文献. 对于时域 PML 方法, 相应的数学理论结果相对较少, 文献 [3] 研究了圆形区域上波动方程的时域 PML 方法, 通过拉普拉斯变换, 把时域 PML 问题转换成频域 PML 问题, 证明了时域方法的收敛性.

5.4.3　波源转移算法

PML 问题 (5.26)—(5.27) 用有限元或者其他方法离散后, 得到一个代数方程组. 当波数, 或者等价的频率 ω 很大时, 求解这类方程组是一个困难的问题. 一方面, 方程组是非正定的, 许多对椭圆问题有效的快速算法对它失效. 另一方面, 微分方程离散的网格尺寸必须与频率相匹配才能得到满意的逼近误差, 这使得离散系统的规模非常大, 更增加了问题的困难. 1991 年, Despres, Dhaidurov 和 Ogorodnikov 最早发表了 Helmholtz 方程区域分裂法的论文. 此后, 许多著名学者都曾研究过离散 Helmholtz 方程的快速算法. 2010 年, 在英国 Durham 举行的国际会议上, 瑞士数学家 Gander 做了“为什么经典迭代方法解 Helmholtz 问题是困难的”的学术报告, 全面回顾了 Helmholtz 方程快速算法的进展.

2011 年, Engquist 和应乐兴提出了求解离散 Helmholtz 方程的移动 PML 扫描算法. 在他们工作的启发下, 我们在 [5] 中提出了波源转移算法 (source transfer). 关于离散 Helmholtz 方程迭代法的历史和最新进展, 可参见 Gander 和东北师范大学张辉在 *SIAM Review* 的综述论文 [10].

下面我们介绍波源转移算法的基本思想. 考虑二维常波数的 Helmholtz 方程. 记 $G(x,y)$ 为 Helmholtz 方程的基本解, 2001 年, Lassas 和 Sommersalo 证明了 PML 方程的基本解是 $\tilde{G}(x,y)=J(y)G(\tilde{x},\tilde{y})$, 它满足

$$J^{-1}\mathrm{div}(A\nabla\tilde{G}(x,y))+k^2\tilde{G}(x,y)=-\delta_y(x),\quad 在\ \mathbb{R}^2\ 中.$$

注意到 $\tilde{G}(x,y)\neq\tilde{G}(y,x)$, $\tilde{G}(y,x)$ 是 PML 方程的伴随方程的基本解

$$\mathrm{div}(A\nabla(J^{-1}\tilde{G}(y,x)))+k^2\tilde{G}(y,x)=-\delta_y(x),\quad 在\ \mathbb{R}^2\ 中.$$

令 $\Omega_0=\{x\in\mathbb{R}^2:x_2<\zeta_1\}$, $\Omega_i=\{x\in\mathbb{R}^2:\zeta_i<x_2<\zeta_{i+1}\}$, $i=1,2,\cdots,N$, $\Omega_{N+1}=\{x\in\mathbb{R}^2:x_2>\zeta_{N+1}\}$. 假设 f 的支集包含在 $\cup_{i=1}^N\bar{\Omega}_i$ 中. 记 f_i 为 f 在 Ω_i 上的限制, 即在 Ω_i 中, $f_i=f|_{\Omega_i}$, 在 Ω_i 外, $f_i=0$. 于是全空间上 PML 方程的解满足

$$\tilde{u}=-\int_{\mathbb{R}^2}\tilde{G}(x,y)f(y)dy=-\sum_{i=1}^N\int_{\Omega_i}\tilde{G}(x,y)f_i(y)dy.\tag{5.28}$$

记 $\bar{f}_1=f_1$. 我们把 Ω_i 上的波源 $\bar{f}_i$ 等价地转移到 Ω_{i+1} 上的波源 $\bar{f}_{i+1}=f_{i+1}+\Psi_{i+1}(\bar{f}_i)$, 其中算子 Ψ_{i+1} 满足

$$\int_{\Omega_i}\tilde{G}(x,y)\bar{f}_i(y)dy=\int_{\Omega_{i+1}}\tilde{G}(x,y)\Psi_{i+1}(\bar{f}_i)(y)dy,\quad\forall x\in\Omega_N.$$

从 (5.28) 我们得到

$$\tilde{u}=-\int_{\Omega_N}\tilde{G}(x,y)f_N(y)dy-\int_{\Omega_{N-1}}\tilde{G}(x,y)\bar{f}_{N-1}(y)dy,\quad\forall x\in\Omega_N.$$

这样, 最后一层 Ω_N 中的解只依赖于最后二层的等价波源, 我们可以用 PML 方法在局部区域 $\Omega_{N-1}\cup\Omega_N$ 中解出. 在算出最后一层的解以后, 我们设计了一个波展开算法, 利用等价波源逐次得到前面每一层 Ω_i, $i=1,2,\cdots,N$ 中的解. 上面算法的关键是波源转移算子 Ψ_{i+1} 的定义, 在文献 [5] 中, 我们通过在 $\Omega_i\cup\Omega_{i+1}$ 中局部求解 PML 方程来完成.

把全空间上的波源转移算法限制到有界区域 B_L 上, 可以得到 PML 问题 (5.26)—(5.27) 的波源转移算法. 波源转移算法的计算量正比于小区域的个数乘以

每个小区域上的计算量, 从而达到了区域分裂方法的理想计算复杂性. 我们基于 PML 方法的误差分析理论, 证明了波源转移算法在常波数情况下的最优收敛性. 对于变波数的 Helmholtz 方程和时谐弹性波方程, 把波源转移算法作为广义最小残量方法 GMRES 的预条件子, 也得到了满意的计算结果.

需要指出的是, 波源转移算法是在偏微分方程的框架下提出的, 不依赖于偏微分方程具体的离散方法. 这个分析方法不同于椭圆型方程区域分裂法的理论, 椭圆型方程区域分裂法的分析通常依赖于子区域中的网格尺寸. 令人满意的是, 高频波离散方程的快速算法是一个数值代数问题, 这个代数问题却通过 PML 方法得到解决, 这是现代计算数学整体性的一个优美的例子.

5.5 结 语

现实世界给数学提供了丰富多彩的研究课题. 以计算电磁学为例, 一方面, 已有的数学方法如有限元、自适应、多重网格等找到了新的应用课题. 另一方面, 物理学家提出的 PML 方法, 给数学家解决无界区域偏微分方程的计算问题提供了全新的思路. PML 方法的数学理论研究, 又推进了高频波离散方程组快速算法的研究. 这是数学和其他领域交叉, 相互促进的又一个成功的例子.

参考文献

[1] Arnold D N. Differential complexes and numerical stability. Preceedings of the International Congress of Mathematicians in Beijing 2002, Beijing: Higher Education Press, 2002, 1: 137-157.

[2] Babuska I. Courant element: Before and after. In Finite Element Methods: Fifty years of the Courant element//Krizek K, Neittaanmaki P, Stenberg R. Boca Raton: CRC Press, 1994.

[3] Chen Z. Convergence of the time-domain perfectly matched layer method for acoustic problems. International Journal of Numerical Analysis and Modeling, 2009, 6: 124-146.

[4] Chen J, Chen Z, Cui T, Zhang L. An adaptive finite element method for the eddy current model with circuit/field couplings. SIAM J. Sci. Computing, 2010, 32: 1020-1042.

[5] Chen Z, Xiang X. A source transfer domain decomposition method for Helmholtz equations in unbounded domain. SIAM J. Numer. Anal., 2013, 51: 2331-2356.

[6] Chen Z, Xiang X, Zhang X. Convergence of the PML method for elastic wave scattering problems. Math. Comp., 2016, 85: 2687-2714.

[7] Ciarlet P G. The Finite Element Method for Elliptic Problems. North-Holland: Amsterdam, 1978.

[8] Clemens M, Lang J, Teleaga D, Wimmer G. Adaptivity in space and time for magnetoquasistatics. J. Comput. Math., 2009, 27: 642-656.

[9] Engquist B, Ying L. Sweeping preconditioner for the Helmholtz equation: Moving perfectly matched layers. Multiscle Model. Simul., 2011, 9: 686-710.

[10] Gander M J, Zhang H. A class of iterative solvers for the Helmholtz equation: Factorizations, sweeping preconditioners, source transfer, single layer potentials, polarized traces, and optimized Schwarz methods. SIAM Rev., 2019, 61: 3-76.

[11] Hiptmair R. Finite elements in computational electromagnetism. Acta Numerica, 2002, 11: 237-339.

[12] Monk P. Finite Element Methods for Maxwell's Equations. Oxford: Clarendon Press, 2003.

[13] Nedelec J C. Mixed finite elements in $\mathbb{R}^3$. Numer. Math., 1980, 35: 315-341.

[14] Shao J. Stokes theorem and electomagnetism. Math. Propag., 1994, 18: 6-17.

[15] Xu J, Zikatanov L. Algebraic multigrid methods. Acta Numerica, 2017, 26: 591-721.

[16] Zheng W, Chen Z, Wang L. An adaptive finite element method for the $H-\psi$ formulation of time-dependent eddy current problems. Numer. Math., 2006, 103: 667-689.

6 从三角形说起

李明翔　徐兴旺[①]

6.1 简　介

6.1.1 关于紧曲面的公式

本文主要回顾关于 Gauss-Bonnet-陈公式的历史和进展. 正如文章的题目所示, 我们首先看看平面图形的一些特点. 平面上的三角形, 是我们大家最熟悉的. 我们的初中数学告诉我们, 三角形的外角和等于 2π, 内角和为 π. 另外我们还知道, 一个三角形 Δ 具有三个顶点、三条边和一个面. 如果我们定义一种代数和:

$$\chi(\Delta) := \text{面数} - \text{边数} + \text{顶点数},$$

则我们不难发现, 对于三角形来说, $\chi(\Delta) = 1$. 由此可见, $2\pi\chi(\Delta) = \Delta$ 的外角和. 当然, 我们也可以说, $\pi\chi(\Delta) = \Delta$ 的内角和. 是否两者之间没啥区别.

现在我们来看看四边形 Δ. 显然我们可以把四边形看成是由两个三角形组成的. 这样的话, 这个图形 Δ 就有四个顶点、五条边和两个面. 按照上面的公式, 我们就有 $\chi(\Delta) = 2 - 5 + 4 = 1$. 另一方面, 我们还知道, 四边形的内角和是 2π, 外角和也是 2π. 于是我们也有 $2\pi\chi(\Delta) = \Delta$的外角和, 但内角和不是 $\pi\chi(\Delta)$ 而是 $2\pi\chi(\Delta)$. 这说明外角和可能更有意义.

为了进一步确认这是对的, 我们来检查多边形的情形. 对任何一个 n 边形 Δ, 我们有它的简单三角剖分, 其顶点个数是 n, 边的个数为 $2n-3$ 角而面的个数是 $n-2$. 所以它的代数和为 1. 另一方面, 它的外角和为 2π, 而内角和是 $(n-2)\pi$. 因而我们也有 $2\pi\chi(\Delta) = \Delta$的外角和. 我们需要指出的是, 对其他任何三角剖分, 容易看出 χ 保持不变.

对于圆盘, 它的无穷小外角的总和等于 2π. 而它的内角则没有定义. 利用三角剖分, 我们可以得到 $\chi(\text{圆盘}) = 1$ 以及 $2\pi\chi(\text{圆盘}) = $ 外角和. 对于环形区域, 外角和为 0 并且 $\chi(\text{环}) = 0$. 从而仍然满足 $2\pi\chi = $ 外角和. 于是对于一般区域, 我们有如下的经典定理.

---

① 南京大学.

定理 6.1.1　令 Ω 为一个带有光滑边界 $\partial\Omega$ 的平面区域. 同时令 k 为测地曲率以及 ds 为弧长参数. 那么我们有

$$\chi(\Omega)=\frac{1}{2\pi}\int_{\partial\Omega}kds.$$

注释 6.1.1　$\chi(\Omega)$ 仍如之前通过三角剖分来计算. 在三角形的例子中, 我们注意到边界不光滑并且在边上 $k=0$, 这就是为什么我们要计算外角.

定义 6.1.1 (高斯曲率)　令 Σ 为 $\mathbb{R}^3$ 中定向的光滑曲面, $\eta(p)\in\mathbb{S}^2$ 是定义在 Σ 上的单位外法向量. 考虑映射

$$\eta:\Sigma\to\mathbb{S}^2,$$

其中 $\eta^*(ds_0^2)$ 和 ds^2 均为 Σ 上的度量. 在 p 点的高斯曲率定义为 $\dfrac{\eta^*(ds_0^2)}{ds^2}$.

高斯在 1827 年提出高斯曲率并证明其是内蕴的, 即仅仅由曲面本身度量决定.

定义 6.1.2 (欧拉数)　三角剖分曲面 M, 并且令 v,e,f 分别为顶点数、边数和面数. 那么我们定义

$$\chi(M)=v-e+f.$$

尽管在欧拉之前有些人注意到这个量, 但是欧拉意识到这个代数和对曲面的重要性. 这也是为什么人们把这个数称为欧拉数的原因.

定理 6.1.2 (Gauss-Bonnet 公式)　令 M 为一个紧致的光滑无边曲面, g 为 M 上的度量, K 为 g 的高斯曲率, 那么我们有

$$\chi(M)=\frac{1}{2\pi}\int_M Kd\sigma,$$

其中 $d\sigma$ 为 g 的面积元.

据陈省身所言, 高斯和 Bonnet 都没有真正写出这个公式. 高斯在 1825 年证明的内容如下：对于 M 上的测地三角形, 记 α,β,γ 为其三个内角, A 为其面积, 那么

$$\alpha+\beta+\gamma-\pi=KA.$$

显然这里的 K 在整个三角形上假设为一个常数. Bonnet 在 1848 年将这个结果推广到一般的可能是非测地的三角形上. 在这个情形下, 边界上的测地曲率就会出现在这样的公式中. 对于更为一般的公式, 如果 Ω 是一个带有分段光滑边界 $\partial\Omega$ 的光滑区域. 我们可以定义 k 为 $\partial\Omega$ 上与度量相关的测地曲率. 令 α_i 为在不光滑点 p_i 处的外角.

定理 6.1.3

$$2\pi\chi(\Omega) = \sum_i \alpha_i + \int_{\partial\omega} kds + \int_\Omega Kda.$$

这个一般化的公式包含了三角形和多边形的情形. 这里的重要性就是连接了局部信息和整体信息.

6.1.2 黎曼流形上的 Gauss-Bonnet-陈公式

黎曼曲面理论出现在 1851 年黎曼的博士学位论文中, 当时他是高斯的学生. 黎曼毕业后, 高斯推荐黎曼到他自己工作的哥廷根大学担任教职. 在黎曼的任职资格考核中, 高斯给了黎曼三个题目, 其中两个关于电学, 一个关于几何. 高斯认为黎曼应该会选择前面两个中的一个. 但黎曼偏偏就是选择了第三个题目, 出乎高斯的预料. 黎曼于 1854 年 6 月 10 号发表了著名的演讲《基于几何基础的假设》, 这个就成为数学的一个重要分支, 现在我们称之为黎曼几何. 在黎曼演讲的第一部分, 他一开始就提出如何定义 n 维空间的问题, 并以我们今天称之为黎曼空间的定义结束. 主要的工作是阐述测地线和曲率张量. 在他演讲的第二部分提出了有关几何和我们所在世界的关系的更深刻的问题. 他问真实的空间到底是几维的, 几何如何描述真实的空间.

黎曼的想法至少 60 年内都没有被完全理解, 直到爱因斯坦重拾它并且将其应用于他的广义相对论. 在这之前, 一项由 Christoffel 和 Gregorio Ricci-Curbastro 完成的工作, 现在称之为 Levi-Civita (他是 Ricci 的学生, 全名是 Tullio Levi-Civita) 联络, 这是度量张量的一阶导, 而黎曼曲率张量是度量张量的二阶导.

Hopf 在他 1925 年访问哥廷根期间至少完成了两项工作. 其中一项是对于任意闭流形, 一般向量场的指标和是一个拓扑不变量, 称之为欧拉示性数. 这由 Solonmon Lefschetz 首先证明. 另外一项是讲 Gauss-Bonnet 公式推广到欧氏空间中的紧的超曲面上.

Weil 和他的合作者 Allendoerfer 在 1943 年一起证明了黎曼多面体上的 Gauss-Bonnet 公式. 他们的理论主要依赖于外部几何. 也就是说, 他们将流形嵌入到维数更高的欧氏空间并且利用欧氏空间的几何来得到证明. 这个仍然不是很完美, 毕竟这应该是一个内蕴的公式. 它应该有一个完美的内蕴的证明. 这是其中的一个原因. 另一个原因是, 在当时, 是不是每个紧流形都可以嵌入到维数更高的欧氏空间, 人们并不清楚. 在这之前, Allendoerfer 在 1940 年对欧氏空间中闭的可定向的超曲面, 给出了 Gauss-Bonnet 定理的证明. 当然这个证明充分利用了外部空间的性质. Fenchel 在 1940 年也给出了一个证明, 不过仍然是外蕴的证明.

差不多在同时, Cartan 发展了外微分形式理论以及用活动标架法来研究微分几何. 陈省身在师从 Cartan 期间学习了他的活动标架法. 在那时, 也许他是唯一一个能够理解 Cartan 理论的数学家. 陈省身利用这个理论在 1944 年给出了 Gauss-Bonnet 公式的一个非常漂亮的内蕴证明. 一年后, 他将这个公式推广到带边的紧致流形. 这就是我们现在称的 Gauss-Bonnet-陈公式. 陈省身的论述是：曲率形式的 Paffian 形式的积分等于一个常数乘以它的欧拉数. 最为重要的是, 沿着这个思路, 他给出了复向量丛以及它们的示性类, 其中包括他的第二示性类形式. 后者是测地曲率的推广. 这些示性类对于向量丛和复流形的研究非常重要.

6.2 完备黎曼曲面上的推广

20 世纪 30 年代之前, 人们对流形的完备性并不一致. 主要有下列几种定义.

定义 6.2.1 (完备流形) (1) 度量为 g 的黎曼流形上的每组柯西列都收敛到 M 上的某点.

(2) 所有从 P 点出发的测地线都可以无限延伸.

(3) 每个测地闭球 $\bar{B}(m,r)$ 都是紧的.

(4) 每个有界闭集都是紧集.

一个由 Hopf 和他的学生 Rinow 给出的很漂亮的定理证明了, 事实上, 上述的四条定义是等价的. 这就解决了完备流形的定义问题. 这个定理的一个结果表明, 这样的连通流形上任意两个点 p,q 可以被一条长度为 p,q 距离的测地线连接.

Cohn-Voseen 大概是第一个研究完备开黎曼曲面上 Gauss-Bonnet 积分的人. 他利用上调和函数的性质, 对于具有解析度量的完备黎曼曲面, 研究了 Gauss-Bonnet 积分. 他的主要结果可以叙述如下.

定理 6.2.1 (1935 年) 对于一个具有解析度量的完备开黎曼曲面 M, 如果它的高斯曲率绝对可积, 那么下面的不等式成立:

$$\int_M K dv_M \leqslant 2\pi\chi(M),$$

其中 $\chi(M)$ 是 M 的欧拉数, K 为高斯曲率.

Huber[8] 于 1957 年将这个不等式推广到具有更弱正则性的度量上. 更重要的是, 他证明了这样的曲面 M 共形等价于一个带有有限多个小孔的闭曲面. 他的理论研究了 $\mathbb{R}^2$ 上的次调和函数以及它们的区别. 显然这是一个解析定向的曲面. 同时, 如果曲率的全积分是有限的, 那么 2 维完备的黎曼曲面会具有简单的结构, 即去掉有限多点的紧流形.

Finn 于 1965 年对一大类完备曲面计算了 Cohn-Vossen 不等式的余项, 发现这和等周常数有关, 从而得到了一个漂亮的恒等式：

$$\chi(M)-\frac{1}{2\pi}\int_M Kdv_M=\sum_i \nu_i,$$

其中右端的和取遍 M 的每个末端, ν_i 在每个末端定义如下：

$$\nu=\lim_{r\to\infty}\frac{L^2(r)}{4\pi A(r)},$$

其中 $L(r)$ 是边界圆 $\partial B_r=\{|x|=r\}$ 的长度, $A(r)$ 是环形区域 $B(r)\backslash K$ 的面积, 这里的 K 为任意的紧集.

Poor 于 1974 年研究了 Cohn-Vossen 不等式在 4 维具有非负曲率的完备流形情形的推广. 一个具有非负曲率的完备黎曼流形微分同胚于它的灵魂 (这是一个来自 Gromov 和 Cheeger 的概念) 的法丛. 对于 4 维定向的 M, 它的全曲率介于 0 和它的欧拉示性数之间. 事实上, 如果假设 Hopf 猜想是对的话, 那么对于任意的偶数维定向 M 结论均成立.

R. Walter 在 1975 年也将这个不等式推广到 4 维情形. 他的工作如下：令 γ 为常数乘以曲率形式的 Pfaffian 形式, 再令 Ω 为定向 $2n$ 维黎曼流形的局部凸紧子集, 那么

$$\int_\Omega \gamma\leqslant\chi(\Omega),$$

如果 $n\leqslant 3$ 并且沿着边界 $\partial\Omega$ 的截面曲率非负, 曲率算子半正定时不等式仍然成立. 作为这个结果的推论, 他证明了

(1) 对于截面曲率非负的完备的 4 维非紧黎曼流形, 全曲率 $\int_M\gamma$ 存在并且

$$0\leqslant\int_M\gamma\leqslant\chi(M);$$

(2) $n\leqslant 3$ 时, 如果曲率算子半正定, 那么上述不等式仍然成立.

注释 6.2.1　这里的第一个结果是陈省身和 Milnor 的非紧情形的一个著名结论的推广. 上述两个结论也出现在 Poor 之前的工作中.

Greene 和伍鸿熙[7] 在 1976 年将这个不等式推广到 4 维完备流形情形, 要求在一个紧集外具有正截面曲率. 这篇文章主要关注黎曼流形上 C^∞ 严格凸函数的存在性. 上面引用的仅仅是他们证明的一般化的结论的一个推论. 其他的, 例如包括在一定的假设下 Stein 流形上的情形等等. 这里就不仔细叙述.

Cheeger 和 Gromov 在 1985 年的工作研究了带有有界几何和有限体积的完备流形上的 Gauss-Bonnet-陈公式. 他们对于流形基本的假设就是 (即有界几何)

流形完备, 具有有限体积、曲率下有界以及带有一些其他假设, 结论就是流形上特征形式 (Gauss-Bonnet 形式) 的积分总是收敛的. 这个极限值作为几何特征数被记为 $\chi(M,g)$. 在没有这些假设下, 存在一些反例.

对于这个问题最近的发展情况, 丘成桐在他著名的问题集[11] (问题 11) 中问到如何将 Cohn-Vossen 不等式或者 Finn-Huber 恒等式推广到高维完备流形.

1999 年 Chang-Qing-Yang 在 $\mathbb{R}^4$ 的情况下证明了如果度量 $e^{2w}g_0$ 在 $\mathbb{R}^4$ 上完备并且具有绝对可积的 Q_4 曲率以及在无穷远处非负的数量曲率, 那么之前的 Finn 恒等式成立, 其中 ν 被如下定义的等周比值 μ 所代替

$$\mu = \lim_{r\to\infty} \frac{[\mathrm{Vol}(\partial B_r(0))]^{\frac{4}{3}}}{4(2\pi^2)^{\frac{1}{3}}\mathrm{Vol}(B_r(0))},$$

也就是说我们有

$$1 - \frac{1}{8\pi^2}\int_{\mathbb{R}^4} Q_4 e^{4w} dx = \mu.$$

定理 6.2.2 (Chang-Qing-Yang, 2000[3]) 假设 M 是一个局部共形平坦的 4 维完备流形具有有限多个共形平坦的简单末端. 同时假设在每个末端数量曲率非负并且 Q_4 曲率绝对可积. 在这些假设下, 我们有

$$\chi(M) - \frac{2}{3!\omega_4}\int_M Q_4 dv = \sum_{k=1}^{l} \mu_k,$$

其中在以每个末端为中心的倒置坐标下,

$$\mu_k = \lim_{r\to\infty} \frac{\mathrm{Vol}(\partial B_r(0))^{\frac{4}{3}}}{4(2\pi^2)^{\frac{1}{3}}\mathrm{Vol}(B_r(0)/B_1(0))}.$$

注释6.2.2 这里我们要指出的是, 对于 4 维完备流形 M 具有度量 g, Paneitz 曲率 Q_4 可以写成

$$Q_4 = \frac{1}{6}\left(-\Delta R + \frac{1}{4}R^2 - 3|E|^2\right),$$

其中 E 是迹为 0 的 Ricci 张量. 与此同时 Gauss-Bonnet-陈积分等于 $|W|^2 + Q_4$. 在共形平坦的情形中, $W = 0$.

注释 6.2.3 ($Q_n, n \leqslant 4$)

(1) $n = 2$: Q_2= 数量曲率, $P_2 = -\Delta$.

(2) $n = 3$: Q_3 还未被精确表达出来; 特别情形除外 (单位球面), P_3 是 4 维双调和算子的边界算子.

(3) $n=4$: $Q_4=\frac{1}{6}\left(-\Delta R+\frac{1}{4}R^2-3|E|^2\right)$. 这里我们需要指出, 表达式 Q_4 具有不同的形式. 差别只在于系数. 我们用这样的形式只是为了表达的方便.

注释 6.2.4 $n\geqslant 5$: 几乎无法将 Q_n 和 P_n 的表达式精确写出. 当 n 为偶数时, Q_n 的定义由 T. Branson 给出, 而 P_n 由 C. Robin Graham, R. Jennes, L. J. Mason 和 G. A. J. Sparling 大约 20 多年前给出. 但是最近, C. Robin Graham 和 M. Zworski 研究了在 $M\times[0,1]$ 上的 Poincaré 度量, 发现当 n 为偶数时, 这些度量的散射矩阵含有信息 Q_n 和 P_n. C. Fefferman 和 C. Robin Graham 进一步研究了 n 为奇数的情况.

Q_n 和 P_n 值得深入探究, 这也涉及 Witten 关于反 de Sitter 空间或 CFT 对应关系的理论, 但是这就超出笔者的研究范围. 粗略来说, 就是将流形视为一个更高维流形 N 的边界. 如果 N 具有一个非常好的度量结构比如具有负宇宙常数的爱因斯坦度量, 那么边界就可以定义成一个正则函数的零点集. 然后全体积就会无限大. 但是 N 去掉 ε 邻域之后的体积就会有限并且依赖于 ε. 我们可以关于 ε 中作泰勒展开, 在这个展开中某些系数将仅仅依赖于边界的共形结构. 该系数 (所谓的归一化体积) 与上述的质量有关.

6.3 正则度量

这一节中我们首先定义正则度量将其作为 Finn 在 [10] 中定义的 2 维情形的正则度量以及 Chang-Qing-Yang 在 [3] 中 4 维情形的推广. 我们的初心是将这些结果推广到所有维数.

我们将 $\mathbb{R}^n, n\geqslant 2$ 上的标准平坦度量记为 g_0. 假设 $e^{2w}g_0$ 是 $\mathbb{R}^n$ 上一个光滑的共形度量并且 Paneitz 曲率 Q_n 绝对可积. 注意到在共形平坦的情形中, Q_n 曲率可以被简单地定义为

$$Q_n(x)=e^{-nw(x)}[(-\Delta)^{n/2}w](x). \tag{6.1}$$

注释 6.3.1 这里我们不需要假设 n 为偶数.

那么根据定义, 我们的假设等价于

$$\int_{\mathbb{R}^n}|(-\Delta)^{n/2}w|dx<\infty. \tag{6.2}$$

考虑 $\mathbb{R}^n$ 上的共型度量 $e^{2w}g_0$. 假设它是完备的且其具有绝对可积的 Q_n 曲率以及无穷远处非处的数量曲率. 在我们已经写出过的 Finn 公式中将 μ 替换为定义如下的等周比值 μ:

$$\mu = \lim_{r\to\infty} \frac{[\mathrm{Vol}(\partial B_r(0))]^{n/(n-1)}}{n(\omega_n)^{1/(n-1)}\mathrm{Vol}(B_r(0))}, \tag{6.3}$$

则我们有

$$1 - \frac{2}{(n-1)!\omega_n}\int_{\mathbb{R}^n} Q_n e^{nw} dx = \mu. \tag{6.4}$$

定义 6.3.1 满足 (6.2) 的共形度量 $e^{2w}g_0$ 被称为正则的, 是指如果函数 w 满足以下积分等式:

$$w(x) = \frac{2}{(n-1)!\omega_n}\int_{\mathbb{R}^n}\left[\log\frac{|y|}{|x-y|}\right] Q_n(y)e^{nw(y)}dy + C_0, \tag{6.5}$$

其中 Q_n 如 (6.1) 所定义, C_0 只是一个常数, ω_n 为 $\mathbb{R}^{n+1}$ 空间中的单位球的体积.

众所周知, 在高维情形中, 除了上述的等周比值外, 还有对于 $\mathbb{R}^n$ 中凸集的混合体积的概念. 特别地, 我们可以在 $\mathbb{R}^n$ 中球 $B_r(x_0)$ 的边界上定义. 这个混合体积的概念 N. Trudinger 在 20 多年前[21] 已经考虑过.

定义 6.3.2

$$V_n(r) := \int_{B_r(0)} e^{nw} dx; \tag{6.6}$$

$$V_k(r) := \frac{1}{n}\int_{\partial B_r(0)} r^{k-n+1}\left(1 + r\frac{\partial w}{\partial r}\right)^{n-k-1} e^{kw} d\sigma, \tag{6.7}$$

其中 $k = 1, 2, \cdots, n-1$.

现在对于 $1 \leqslant j \leqslant n-1$ 以及 $1 \leqslant k \leqslant n-j$, 我们定义等周比值如下:

$$C_{k,k+j}(r) := \frac{V_k^{(k+j)/[j(n-1)]}}{(n\omega_n)^{1/(n-1)} V_{k+j}^{k/[j(n-1)]}}. \tag{6.8}$$

这节的主要目的就是证明以下定理.

定理 6.3.1 假设 $e^{2w}g_0$ 为 $\mathbb{R}^n$ 上光滑完备正则度量且其 Q_n 曲率绝对可积, 那么

$$\int_{\mathbb{R}^n} Q_n e^{nw} dy \leqslant \frac{(n-1)!\omega_n}{2}, \tag{6.9}$$

并且

$$\alpha = \lim_{r\to\infty} C_{n-1,n}(r) = 1 - \frac{2}{(n-1)!\omega_n}\int_{\mathbb{R}^n} Q_n e^{nw} dy \geqslant 0. \tag{6.10}$$

更进一步, 如果 $\alpha>0$, 那么我们有

$$\lim_{r\to\infty} C_{k,k+j}(r)=\alpha, \tag{6.11}$$

对所有满足上述限制的 k 和 j 都成立.

这个定理的证明主要由以下几个引理组成.

引理 6.3.1　假设 $e^{2w}g_0$ 是一个完备的正则度量. 那么我们有

$$\lim_{r\to\infty}\left(1+r\frac{\partial\bar{w}}{\partial r}\right)=1-\frac{2}{(n-1)!\omega_n}\int_{\mathbb{R}^n}Q_n(y)e^{nw(y)}dy, \tag{6.12}$$

其中

$$\bar{w}(r):=⨍_{\partial B_r(0)}w(x)d\sigma=\frac{1}{|\partial B_r(0)|}\int_{\partial B_r(0)}wd\sigma. \tag{6.13}$$

证明　此处我们主要考虑 $n\geqslant 3$ 的情形. 由直接的计算, 根据正则度量的定义我们有

$$\begin{aligned}
&1+r\frac{\partial w}{\partial r}\\
=&1-\frac{2}{(n-1)!\omega_n}\int_{\mathbb{R}^n}\frac{x\cdot(x-y)}{|x-y|^2}Q_n(y)e^{nw(y)}dy\\
=&1-\frac{2}{(n-1)!\omega_n}\int_{\mathbb{R}^n}Q_n(y)e^{nw(y)}dy\\
&+\frac{2}{(n-1)!\omega_n}\int_{\mathbb{R}^n}\left[1-\frac{x\cdot(x-y)}{|x-y|^2}\right]Q_n(y)e^{nw(y)}dy\\
=&1-\frac{2}{(n-1)!\omega_n}\int_{\mathbb{R}^n}Q_n(y)e^{nw(y)}dy\\
&+\frac{2}{(n-1)!\omega_n}\int_{\mathbb{R}^n}\left[\frac{y\cdot(y-x)}{|x-y|^2}\right]Q_n(y)e^{nw(y)}dy.
\end{aligned} \tag{6.14}$$

因此为了完成引理 6.3.1 的证明, 我们只需要证明在取球形平均后, 最后一项随着 $r\to\infty$ 会趋于 0 . 之后, 我们将证明比此处更强的结果. 事实上, 由于 Q_n 绝对可积, 对于任何 $\varepsilon>0$, 存在充分大的 R_0 使得

$$\int_{|y|\geqslant R_0}|Q_n(y)|e^{nw(y)}dy\leqslant\frac{\varepsilon}{4}. \tag{6.15}$$

对于固定的 R_0, 存在 $R_1>R_0>0$ 使得如果 $r>R_1$, 那么对于任意的正整数 $k\leqslant n-2$, 我们有

$$\left[\frac{R_0}{r-R_0}\right]^k\leqslant\frac{\varepsilon}{4\alpha}, \tag{6.16}$$

其中

$$\alpha = \frac{1}{n\omega_n} \int_{\mathbb{R}^n} |Q_n(y)| e^{nw(y)} dy.$$

同时对于 $|y| \geqslant R_0$, 由调和函数的平均值性质

$$\begin{aligned} & \fint_{\partial B_r(0)} \left[\frac{|y|}{|x-y|}\right]^k d\sigma_x \\ \leqslant & |y|^k \left[\fint_{\partial B_r(0)} \frac{d\sigma_x}{|x-y|^{n-2}}\right]^{k/(n-2)} \\ \leqslant & 1. \end{aligned} \tag{6.17}$$

对于证明细节感兴趣的读者, 我们推荐去看 Lieb 和 Loss 的书 [15] 的 213 页. 综合上述不等式, 如果 $r = |x| \geqslant R_1$, 我们有

$$\begin{aligned} & \left|\fint_{\partial B_r(0)} \left\{\int_{\mathbb{R}^n} \left[\frac{y\cdot(y-x)}{|x-y|^2}\right]^k Q_n(y) e^{nw(y)} dy\right\} d\sigma_x\right| \\ \leqslant & \int_{\mathbb{R}^n} \left[\fint_{\partial B_r(0)} \left(\frac{|y|}{|x-y|}\right)^k d\sigma_x\right] |Q_n(y)| e^{nw(y)} dy \\ = & \int_{|y|\leqslant R_0} \left[\fint_{\partial B_r(0)} \left[\frac{|y|}{|x-y|}\right]^k d\sigma_x\right] |Q_n(y)| e^{nw(y)} dy \\ & + \int_{|y|\geqslant R_0} \left[\fint_{\partial B_r(0)} \left[\frac{|y|}{|x-y|}\right]^k d\sigma_x\right] |Q_n(y)| e^{nw(y)} dy \\ \leqslant & \int_{|y|\leqslant R_0} \left[\frac{R_0}{r-R_0}\right]^k |Q_n(y)| e^{nw(y)} dy \\ & + \int_{|y|\geqslant R_0} \left[\fint_{\partial B_r(0)} \left[\frac{|y|}{|x-y|}\right]^k d\sigma_x\right] |Q_n(y)| e^{nw(y)} dy \\ \leqslant & \frac{\varepsilon}{4} + \frac{\varepsilon}{4} \\ < & \varepsilon. \end{aligned} \tag{6.18}$$

因此引理 6.3.1 可以由 $k = 1$ 以及

$$1 + r\fint_{\partial B_r(0)} \frac{\partial w}{\partial r} d\sigma = 1 + r\frac{\partial \bar{w}}{\partial r}. \tag{6.19}$$

□

引理 6.3.2 假设 $e^{2w}g_0$ 是 $\mathbb{R}^n$ 上完备的正则度量. 那么, 对于任意正实数 k,

$$\fint_{\partial B_r(0)} e^{kw} d\sigma = e^{k\bar{w}} e^{o(1)}, \tag{6.20}$$

其中随着 $r \to \infty, o(1) \to 0$.

证明 我们可以将 w 改写为

$$\begin{aligned} w(x) =& \frac{2}{(n-1)!\omega_n} \int_{B_{\frac{|x|}{2}}(0)} \left[\log\left(\frac{|y|}{|x-y|}\right)\right] Q_n(y) e^{nw(y)} dy + C_0 \\ &+ \frac{2}{(n-1)!\omega_n} \int_{\mathbb{R}^n \setminus B_{\frac{|x|}{2}}(0)} \left[\log\left(\frac{|y|}{|x-y|}\right)\right] Q_n(y) e^{nw(y)} dy \\ =& \frac{2}{(n-1)!\omega_n} \int_{B_{\frac{|x|}{2}}(0)} \left[\log\left(\frac{|y|}{|x|}\right)\right] Q_n(y) e^{nw(y)} dy + C_0 \\ &+ \frac{2}{(n-1)!\omega_n} \int_{B_{\frac{|x|}{2}}(0)} \left[\log\left(\frac{|x|}{|x-y|}\right)\right] Q_n(y) e^{nw(y)} dy \\ & \frac{2}{(n-1)!\omega_n} \int_{\mathbb{R}^n \setminus B_{\frac{|x|}{2}}(0)} \left[\log\left(\frac{|y|}{|x-y|}\right)\right] Q_n(y) e^{nw(y)} dy \\ =& f(|x|) + w_1(x) + w_2(x), \end{aligned} \tag{6.21}$$

其中 $f(|x|)$ 是径向函数并且当 $|x|$ 很大时, 它是 w 的主部. 现在考虑 $|x|$ 充分大使得当 $|x|^{1/2} \leqslant |y| \leqslant \frac{1}{2}|x|$, $\frac{3}{4}|x| \geqslant |x|^{1/2} + \frac{1}{2}|x| \geqslant |x-y| \geqslant \frac{1}{2}|x|$, 我们有

$$\begin{aligned} &|w_1(x)| \\ =& \left| \frac{2}{(n-1)!\omega_n} \int_{B_{\frac{|x|}{2}}(0)} \left[\log\left(\frac{|x|}{|x-y|}\right)\right] Q_n(y) e^{nw(y)} dy \right| \\ \leqslant& \frac{2}{(n-1)!\omega_n} \int_{B_{|x|^{1/2}}(0)} \left| \left[\log\left(\frac{|x|}{|x-y|}\right)\right] \right| |Q_n(y)| e^{nw(y)} dy \\ &+ \frac{2}{(n-1)!\omega_n} \int_{B_{\frac{|x|}{2}}(0) \setminus B_{|x|^{1/2}}} \left| \left[\log\left(\frac{|x|}{|x-y|}\right)\right] \right| |Q_n(y)| e^{nw(y)} dy \\ \leqslant& C \left[\log \frac{|x|^{1/2}}{|x|^{1/2}-1}\right] + C_1 \int_{B_{\frac{|x|}{2}}(0) \setminus B_{|x|^{1/2}}} |Q_n(y)| e^{nw(y)} dy. \end{aligned} \tag{6.22}$$

因此有

$$|w_1(x)| = o(1), \quad \text{随着 } |x| = r \to \infty. \tag{6.23}$$

由于这个估计, 我们有

$$\begin{aligned}
&k \fint_{\partial B_r(0)} (w(x) - w_2(x)) d\sigma \\
&= \log \left[\fint_{\partial B_r(0)} (e^{k(w(x) - w_2(x))}) \right] d\sigma + o(1) \\
&= \log \fint_{\partial B_r(0)} e^{kw(x)} d\sigma + o(1) \\
&\quad + \log \left[1 + \frac{\int_{\partial B_r(0)} e^{k(w(x)-w_2(x))}(1 - e^{kw_2(x)}) d\sigma}{\int_{\partial B_r(0)} e^{kw(x)} d\sigma} \right].
\end{aligned} \tag{6.24}$$

现在我们来处理 $w_2(x)$ 在 $\partial B_r(0)$ 上的积分平均项 $\overline{w_2(x)}$. 首先我们将其改写为

$$\begin{aligned}
&\fint_{\partial B_r(0)} w_2(x) d\sigma \\
&= \frac{2}{(n-1)!\omega_n} \int_{\mathbb{R}^n \setminus B_{\frac{|x|}{2}}(0)} \left\{ \fint_{\partial B_r(0)} \left[\log \left(\frac{|y|}{|x-y|} \right) \right] d\sigma \right\} Q_n(y) e^{nw(y)} dy.
\end{aligned} \tag{6.25}$$

因此为了证明当 $r \to \infty$ 时 $\overline{w_2(x)} = o(1)$, 只需证明以下积分的有界性.

$$L := \left| \fint_{\partial B_r(0)} \left[\log \left(\frac{|y|}{|x-y|} \right) \right] d\sigma \right|. \tag{6.26}$$

注意到在引理 6.3.1 中我们已经证明了对于 $|y| \geqslant \frac{1}{2}|x|$, 有

$$\fint_{\partial B_r(0)} \frac{|y|}{|x-y|} d\sigma \leqslant 1. \tag{6.27}$$

因此由此估计及 Jensen 不等式可得

$$\begin{aligned}
&\exp \left\{ \fint_{\partial B_r(0)} \log \left[\frac{|y|}{|x-y|} \right] d\sigma \right\} \\
&\leqslant \fint_{\partial B_r(0)} \frac{|y|}{|x-y|} d\sigma \\
&\leqslant 1.
\end{aligned} \tag{6.28}$$

另一方面, 由 Jensen 不等式以及 x 和 y 上的限制可得

$$\begin{aligned}&\exp\left\{-\fint_{\partial B_r(0)}\log\left[\frac{|y|}{|x-y|}\right]d\sigma\right\}\\ \leqslant&\fint_{\partial B_r(0)}\frac{|x-y|}{|y|}d\sigma\\ \leqslant&\fint_{\partial B_r(0)}\left(1+\frac{|x|}{|y|}\right)d\sigma\\ \leqslant&\, 3.\end{aligned}\tag{6.29}$$

显然由估计 (6.28) 和 (6.29) 可得到 L 不依赖 x 和 y 的上界. 因此由于 $Q_n(y)e^{nw(y)}$ 在 $\mathbb{R}^n$ 上绝对可积, 我们可得

$$\fint_{\partial B_r(0)}w_2(x)d\sigma=o(1),\quad r\to\infty.\tag{6.30}$$

因此为了完成这个引理的证明, 我们只需要证明等式 (6.24) 的最后一项当 $r\to\infty$ 时为 $o(1)$, 亦等价于

$$\frac{\displaystyle\int_{\partial B_r(0)}e^{k(w(x)-w_2(x))}(1-e^{kw_2(x)})d\sigma}{\displaystyle\int_{\partial B_r(0)}e^{kw(x)}d\sigma}=o(1),\tag{6.31}$$

当 $r\to\infty$ 时.

为证明上式, 首先我们由 Jensen 不等式以及 $f(|x|)$ 和 $w_2(x)$ 的定义可得

$$\begin{aligned}&\left|\frac{\displaystyle\int_{\partial B_r(0)}e^{k(w(x)-w_2(x))}(1-e^{kw_2(x)})d\sigma}{\displaystyle\int_{\partial B_r(0)}e^{kw(x)}d\sigma}\right|\\ \leqslant&\frac{e^{kf(|x|)}e^{o(1)}\left|\displaystyle\int_{\partial B_r(0)}(1-e^{kw_2(x)})d\sigma\right|}{|\partial B_r(0)|\exp\left\{\displaystyle\fint_{\partial B_r(0)}w(x)d\sigma\right\}}\\ \leqslant&\frac{\exp\left\{k\displaystyle\fint_{\partial B_r(0)}[w(x)-w_2(x)]d\sigma\right\}e^{o(1)}\left|\displaystyle\int_{\partial B_r(0)}(1-e^{kw_2(x)})d\sigma\right|}{|\partial B_r(0)|\exp\left\{k\displaystyle\fint_{\partial B_r(0)}w(x)d\sigma\right\}}\end{aligned}$$

$$= e^{o(1)}\left|\fint_{\partial B_r(0)}(1-e^{kw_2(x)})d\sigma\right|, \tag{6.32}$$

其中我们利用了估计 (6.30).

为了证明 (6.32) 在 $r\to\infty$ 时为 $o(1)$, 我们遵从 Finn 的方法 (也可参考 [3]). 先将该项改写为

$$\left|\fint_{\partial B_r(0)}(1-e^{kw_2(x)})d\sigma\right| = \left|\fint_{\partial B_1(0)}(e^{kw_2(r\sigma)}-1)d\sigma\right|. \tag{6.33}$$

现在来估计集合 $\{\sigma\in S^{n-1}||w_2(r\sigma)|>M\}$ 对于给定实数 M 时的测度. 记这个集合及其测度分别为 E_M 及 $|E_M|$. 因此我们有

$$\begin{aligned}M\cdot|E_M| &\leqslant \int_{E_M}|w_2(r\sigma)|d\sigma\\ &= \frac{1}{n\omega_n}\int_{\mathbb{R}^n\setminus B_{\frac{|x|}{2}}(0)}\left\{\int_{E_M}\left[\left|\log\left(\frac{|y|}{|x-y|}\right)\right|\right]d\sigma\right\}|Q_n(y)|e^{nw(y)}dy.\end{aligned} \tag{6.34}$$

首先我们说明以下估计成立：对于所有 $|y|\geqslant(1/2)|x|$,

$$\int_{E_M}\left|\log\left(\frac{|y|}{|x-y|}\right)\right|d\sigma_x \leqslant \left(C_2+C_3\log\frac{1}{|E_M|}\right)|E_M|, \tag{6.35}$$

其中 C_1, C_2 仅依赖于维数 n.

为证明它, 我们观察到, 由 Jensen 不等式

$$\begin{aligned}&\exp\left\{\fint_{E_M}|\log\left(\frac{|y|}{|r\sigma-y|}\right)|d\sigma\right\}\\ \leqslant&\fint_{E_M}\exp\left\{|\log\left(\frac{|y|}{|r\sigma-y|}\right)|\right\}d\sigma\\ =&\max\left\{\fint_{E_M}\left(\frac{|y|}{|r\sigma-y|}\right)d\sigma,\ \fint_{E_M}\left(\frac{|r\sigma-y|}{|y|}\right)d\sigma\right\}.\end{aligned} \tag{6.36}$$

第二个积分项总是小于 $\log 3$. 为了估计第一个积分项, 如果 $|y|\neq r$, 由之前的引理, 我们有

$$\begin{aligned}&\fint_{E_M}\left(\frac{|y|}{|r\sigma-y|}\right)d\sigma\\ \leqslant&\frac{1}{|E_M|}\int_{\mathbb{S}^{n-1}}\left(\frac{|y|}{|r\sigma-y|}\right)d\sigma\end{aligned}$$

$$\leqslant \frac{\omega_n}{|E_M|}. \tag{6.37}$$

但是, 如果 $|y| = r$, 我们估计如下:

$$\begin{aligned} &\frac{1}{|E_M|}\int_{E_M}\left(\frac{|y|}{|r\sigma - y|}\right)d\sigma \\ =& \frac{1}{|E_M|}\int_{E_M}\left(\frac{1}{|\sigma - \frac{y}{|y|}|}\right)d\sigma \\ \leqslant& \frac{n-1}{n-2}\omega_n|E_M|^{(n-2)/(n-1)}. \end{aligned} \tag{6.38}$$

我们要指出最后一步的位势估计是文献 [11] 中第 159 页通过选取一个不在 E_M 上的点 P, 利用球极投影将区域 E_M 投射到 $\mathbb{R}^{n-1}$ 中. 由 (6.36)—(6.38) 可证 (6.35).

因此结合 (6.34) 和 (6.35) 可知

$$M \leqslant o(1)\left(C_2 + C_3 \log \frac{1}{|E_M|}\right), \tag{6.39}$$

其中随着 $r \to \infty$, $o(1) \to 0$. 从而有

$$|E_M| \leqslant C_4 e^{-\frac{M}{o(1)}}. \tag{6.40}$$

因此, 我们推得

$$\begin{aligned} &\left|⨍_{\partial B_r(0)}(1 - e^{kw_2(x)})d\sigma\right| \\ =& k\left|⨍_0^\infty (e^{k(\pm M)} - 1)|E_M|dM\right| \\ =& o(1), \quad r \to \infty. \end{aligned} \tag{6.41}$$

最后, 结合 (6.24), (6.30), (6.31) 以及 (6.41), 我们得到

$$k⨍_{\partial B_r(0)} w(x)d\sigma = \log\left[⨍_{\partial B_r(0)} e^{kw(x)}d\sigma\right] + o(1).$$

引理 6.3.2 由该不等式两边同取指数即可得证. □

引理 6.3.3　对于任意正实数 $k \leqslant n-1$, 我们有

$$⨍_{\partial B_r(0)}\left|r\frac{\partial w}{\partial r} - r\frac{\partial \bar{w}}{\partial r}\right|^k d\sigma = o(1), \quad r \to \infty. \tag{6.42}$$

证明 由等式 (6.14)

$$
\begin{aligned}
&\left|r\frac{\partial w}{\partial r}-r\frac{\partial \bar{w}}{\partial r}\right| \\
=&\left|-\frac{2}{(n-1)!\omega_n}\int_{\mathbb{R}^n}\left\{\frac{x\cdot(x-y)}{|x-y|^2}-⨍_{\partial B_r(0)}\frac{x\cdot(x-y)}{|x-y|^2}d\sigma\right\}Q_n(y)e^{nw(y)}dy\right| \\
\leqslant&\frac{2}{(n-1)!\omega_n}\int_{\mathbb{R}^n}\left|\left\{\frac{x\cdot(x-y)}{|x-y|^2}-⨍_{\partial B_r(0)}\frac{x\cdot(x-y)}{|x-y|^2}d\sigma\right\}\right||Q_n(y)|e^{nw(y)}dy \\
=&\frac{2}{(n-1)!\omega_n}\int_{\mathbb{R}^n}\left|\left\{\left[1-\frac{x\cdot(x-y)}{|x-y|^2}\right]-⨍_{\partial B_r(0)}\left[1-\frac{x\cdot(x-y)}{|x-y|^2}\right]d\sigma\right\}\right| \\
&\cdot|Q_n(y)|e^{nw(y)}dy \\
\leqslant&\frac{2}{(n-1)!\omega_n}\int_{\mathbb{R}^n}\left\{\frac{|y|}{|x-y|}+⨍_{\partial B_r(0)}\frac{|y|}{|x-y|}d\sigma\right\}|Q_n(y)|e^{nw(y)}dy.
\end{aligned} \tag{6.43}
$$

因此取其 k 次方并在 $\partial B_1(0)$ 上积分并使用 Hölder 不等式可得

$$
\begin{aligned}
&⨍_{\partial B_r(0)}\left|r\frac{\partial w}{\partial r}-r\frac{\partial \bar{w}}{\partial r}\right|^k d\sigma \\
\leqslant&\left[\frac{2}{(n-1)!\omega_n}\int_{\mathbb{R}^n}⨍_{\partial B_r(0)}\left\{\frac{|y|}{|x-y|}+⨍_{\partial B_r(0)}\frac{|y|}{|x-y|}d\sigma\right\}^k\right. \\
&\left.\cdot|Q_n(y)|e^{nw(y)}dy\right]\cdot\left[\frac{2}{(n-1)!\omega_n}\int_{\mathbb{R}^n}|Q_n(y)|e^{nw(y)}dy\right]^{k-1} \\
=&\,o(1),\quad r\to\infty,
\end{aligned} \tag{6.44}
$$

当 $k\leqslant n-2$, 上述最后一步由估计 (6.18) 可知. 如果 $n-2<k<n-1$, 则利用估计

$$
⨍_{\partial B_r(0)}\left[\frac{|y|}{|x-y|}\right]^k d\sigma\leqslant C(n,k). \tag{6.45}
$$

□

引理 6.3.4 对于任意正实数 $k<n-1$, 存在一个常数 C 只依赖于 n 和 k 使得

$$
\max\left\{⨍_{\partial B_r(0)}\left|r\frac{\partial w}{\partial r}\right|^k d\sigma,\ ⨍_{\partial B_r(0)}\left|r\frac{\partial \bar{w}}{\partial r}\right|^k d\sigma\right\}\leqslant C. \tag{6.46}
$$

证明 直接由估计 (6.18) 即可得证. □

定理 6.2.1 之证明　我们记

$$\beta = \lim_{r\to\infty}\left(1 + r\frac{\partial \bar{w}}{\partial r}\right). \tag{6.47}$$

注意到由度量 $g = e^{2w}g_0$ 的完备性可知相应的径向对称度量 $\bar{g} = e^{2\bar{w}}g_0$ 也是完备的. 因此我们可由完备性推得 $\beta \geqslant 0$. 分 $\beta = 0$ 和 $\beta > 0$ 两种情况来论证.

情形 1　$\beta = 0$.

由于 $\beta = 0$, 存在一个较大的 R_0 使得如果 $r \geqslant R_0$, 我们有

$$\left|1 + r\frac{\partial \bar{w}}{\partial r}\right| \leqslant \frac{1}{n}. \tag{6.48}$$

对此积分可得

$$r^{n-1}e^{n\bar{w}(r)} \leqslant R_0^{n-1}e^{n\bar{w}(R_0)}, \tag{6.49}$$

亦可得

$$\left|\frac{d}{dr}[r^n e^{n\bar{w}(r)}]\right| \leqslant c_1,$$

其中 c_1 仅依赖于 R_0 和 n. 因此我们推得 $r^n e^{n\bar{w}(r)}$ 是一致连续函数. 注意到如果对于所有 r, $V_n(r)$ 有界, 那么由 Jensen 不等式我们可知 $\displaystyle\int_0^r t^n e^{n\bar{w}(t)}dt$ 对所有 r 也有界, 因此得到

$$\lim_{r\to\infty}[r^n e^{n\bar{w}(r)}] = 0. \tag{6.50}$$

再由此估计及 $C_{n-1,n}(r)$ 的定义得

$$\lim_{r\to\infty} C_{n-1,n}(r) = 0. \tag{6.51}$$

反之, 如果 $V_n(r)$ 无界, 即 $\lim_{r\to\infty} V(r) = \infty$, 那么如果 $V_{n-1}(r)$ 有界, 由 $C_{n-1,n}$ 的定义可知等式 (6.51) 在这种情况下仍然成立. 如果 $\lim_{r\to\infty} V_{n-1}(r) = \infty$, 我们可以使用洛必达法则, 即

$$\begin{aligned}\lim_{r\to\infty} C_{n-1,n}(r) &= \lim_{r\to\infty}\frac{[V_{n-1}(r)]^{n/(n-1)}}{(n\omega_n)^{1/(n-1)}V_n(r)}\\ &= \lim_{r\to\infty}\frac{\left[\displaystyle\fint_{\partial B_r(0)} e^{(n-1)w}d\sigma\right]^{1/(n-1)}\displaystyle\fint_{\partial B_r(0)} e^{(n-1)w}\left(1 + r\frac{\partial w}{\partial r}\right)d\sigma}{\displaystyle\fint_{\partial B_r(0)} e^{nw}d\sigma}\end{aligned}$$

$$= 0 = \beta, \tag{6.52}$$

其中倒数第二个等式我们使用了引理 6.3.3 和引理 6.3.4 以及 Hölder 不等式.

情形 2 $\beta > 0$.

如果 $\beta > 0$, 那么存在较大的 $R_0 > 0$ 使得对于所有 $r \geqslant R_0$, 下面不等式成立

$$1 + r\frac{\partial \bar{w}}{\partial r} \geqslant \frac{\beta}{2}. \tag{6.53}$$

对此积分, 不难看出

$$\bar{w}(r) \geqslant \bar{w}(R_0) + \left(\frac{\beta}{2} - 1\right)\left[\log\left(\frac{r}{R_0}\right)\right].$$

从而得到

$$r^{n-1}e^{(n-1)\bar{w}(r)} \geqslant e^{(n-1)\bar{w}(R_0)}R_0^{(\beta/2-1)(n-1)}r^{(\beta/2)(n-1)}. \tag{6.54}$$

这个显然推出 V_{n-1} 趋于无穷, 同样 V_n 也趋于无穷.

现在利用引理 6.3.3 和引理 6.3.4 加上 Hölder 不等式, 不难得到: 对于 $r \to \infty$, $1 \leqslant k \leqslant n-1$,

$$V_k(r) = \overline{V_k}(r) + o(1), \tag{6.55}$$

其中 $\bar{V}_k(r)$ 是关于度量 $e^{2\bar{w}(r)}g_0$ 类似的形式的混合体积. 更准确地来说, 对于 $k = n-1$, 这个等式成立的理由是引理 6.3.1. 为了说明 $k \leqslant n-2$ 也成立, 我们证明如下:

$$\begin{aligned}
V_k(r) &= \frac{1}{n}\int_{\partial B_r(0)} r^{k-n+1}\left(1 + r\frac{\partial w}{\partial r}\right)^{n-k-1} e^{kw}d\sigma \\
&= \frac{1}{n}\int_{\partial B_r(0)} r^{k-n+1}\left[\left(1 + r\frac{\partial w}{\partial r}\right)^{n-k-1} - \left(1 + r\frac{\partial \bar{w}}{\partial r}\right)^{n-k-1}\right] e^{kw}d\sigma \\
&\quad + \frac{1}{n}\int_{\partial B_r(0)} r^{k-n+1}\left(1 + r\frac{\partial \bar{w}}{\partial r}\right)^{n-k-1} e^{kw}d\sigma \\
&= \frac{1}{n}\int_{\partial B_r(0)} r^{k-n+1}\left[\left(r\frac{\partial w}{\partial r} - r\frac{\partial \bar{w}}{\partial r}\right)\right] \\
&\quad \cdot \sum_{l=0}^{n-k-2}\left\{\left(1 + r\frac{\partial w}{\partial r}\right)^{l}\left(1 + r\frac{\partial \bar{w}}{\partial r}\right)^{n-k-2-l}\right\} e^{kw}d\sigma \\
&\quad + r^{k-n+1}\left(1 + r\frac{\partial \bar{w}}{\partial r}\right)^{n-k-1}\left[\frac{1}{n|\partial B_r(0)|}\int_{\partial B_r(0)}[e^{kw} - e^{k\bar{w}}]d\sigma\right]
\end{aligned}$$

$$+\overline{V_k}(r). \tag{6.56}$$

利用 Hölder 不等式和引理 6.3.3 以及引理 6.3.4, 我们可以看出除了 $\bar{V}_k(r)$ 其他项均是 $o(1)$. 这里值得指出的是利用类似的论证我们可得：当 $r\to\infty$ 时,

$$\frac{d}{dr}V_n(r)=\frac{d}{dr}\overline{V_n}(r)+o(r). \tag{6.57}$$

但是对于径向对称度量, 我们容易看出 $\overline{C_{k,k+j}}(r)=1+r\dfrac{\partial\bar{w}}{\partial r}$ 除了对于 $k=n-1, j=1$ 的情形. 在 $k=n-1$ 的情形中, 由于其类似等式 (6.52) 是无穷比无穷的形式, 我们再次使用洛必达法则. 从而定理 6.3.1 即可得证. □

6.4　度量正则化的几何性条件

这节的主要目的是来展示一个事实：存在一大类正则的度量. 作为这节的主要结果, 我们有以下定理.

定理 6.4.1　*假设 $e^{2w}g_0$ 是 $\mathbb{R}^n$ 上的 C^∞ 度量, 其具有绝对可积的 Q_n 曲率并且数量曲率在无穷远处非负. 那么该度量就是一个完备正则度量, 因此定理 6.3.1 的结论对其成立.*

证明　由于 w 满足条件 (6.2), 它的位势函数:

$$v(x)=\frac{2}{(n-1)!\omega_n}\int_{\mathbb{R}^n}\log\left[\frac{|y|}{|x-y|}\right]Q_n(y)e^{nw(y)}dy \tag{6.58}$$

是有定义的. 又因为 $w\in C^\infty$, 可知 $v\in C^\infty$ 并且满足等式 (6.3). 现令 $p=\left[\dfrac{n+1}{2}\right]$(不大于 $(n+1)/2$ 的最大整数). 我们可以看到函数 $w-v$ 是多重调和的且 $(-\Delta)^p(w-v)=0$.

我们断言在已有的假设下, $(-\Delta)(w-v)=0$. 观察到如果 $n=2$, 它显然成立. 因此我们主要考虑 $n\geqslant 3$ 的情形. 首先, 我们记 $u=w-v$, 由于 $(\Delta)^{p-1}u$ 是调和的, 利用平均值定理以及散度定理, 对于任何 $x_0\in\mathbb{R}^n$ 及 $r>0$, 我们有

$$\begin{aligned}&[(\Delta)^{p-1}u](x_0)\\=&⨍_{B_r(x_0)}[(\Delta)^{p-1}u](y)dy\\=&\frac{n}{\omega_{n-1}r^n}\int_{\partial B_r(x_0)}\frac{\partial}{\partial r}[(\Delta)^{p-2}u](y)d\sigma_y\end{aligned}$$

$$
\begin{aligned}
&= \frac{n}{r}\fint_{\partial B_r(x_0)} \frac{\partial}{\partial r}[(\Delta)^{p-2}u](y)d\sigma_y \\
&= \frac{n}{r}\frac{\partial}{\partial r}\fint_{\partial B_r(x_0)} [(\Delta)^{p-2}u](y)d\sigma_y,
\end{aligned}
\tag{6.59}
$$

其中 $\partial/\partial r$ 是沿着球面的法方向导数.

现将 (6.59) 两边乘以 r/n 并关于 r 从 0 到 r 积分得到

$$
\begin{aligned}
&\frac{r^2}{2n}[(\Delta)^{p-1}u](x_0) + [(\Delta)^{p-2}u](x_0) \\
&= \fint_{\partial B_r(x_0)} [(\Delta)^{p-2}u](y)d\sigma_y.
\end{aligned}
\tag{6.60}
$$

然后将 (6.60) 两边乘以 $r^{n-1}n$ 再关于 r 从 0 到 r 积分, 并且将结果除以 r^n 得到

$$
\begin{aligned}
&\frac{r^2}{2(n+2)}[(\Delta)^{p-1}u](x_0) + [(\Delta)^{p-2}u](x_0) \\
&= \fint_{B_r(x_0)} [(\Delta)^{p-2}u](y)dy.
\end{aligned}
\tag{6.61}
$$

现重复上述步骤 $p-1$ 次得到

$$
\begin{aligned}
P(r) :=\ & C_1(n,p)r^{2(p-1)}[(\Delta)^{p-1}u](x_0) \\
& + C_2(n,p)r^{2(p-2)}[(\Delta)^{p-2}u](x_0) \\
& + \cdots + C_{p-1}(n,p)r^2[(\Delta)u](x_0) \\
=\ & \fint_{\partial B_r(x_0)} ud\sigma_y - u(x_0),
\end{aligned}
\tag{6.62}
$$

其中 $C_i(n,p)$ 是仅依赖于 p 和 n 的正常数.

通过直接计算:

$$
\begin{aligned}
&\fint_{\partial B_r(x_0)} (-\Delta)v(x)d\sigma \\
&= \frac{2}{(n-1)!\omega_n}\int_{\mathbb{R}^n}\left[\fint_{\partial B_r(x_0)} \frac{1}{|x-y|^2}d\sigma\right] Q_n(y)e^{nw(y)}dy,
\end{aligned}
\tag{6.63}
$$

以及

$$
\frac{d}{dr}\fint_{\partial B_r(x_0)} vd\sigma
$$

$$= \frac{2}{(n-1)!\omega_n} \int_{\mathbb{R}^n} \fint_{\partial B_r(x_0)} \left\{ -\frac{(x-x_0)\cdot(x-y)}{r|x-y|^2} \right\} d\sigma Q_n(y) e^{nw(y)} dy. \tag{6.64}$$

由上述两个等式可得

$$\begin{aligned} &\left| \frac{n-2}{2} \left[\frac{d}{dr} \fint_{\partial B_r(x_0)} v d\sigma \right]^2 + \fint_{\partial B_r(x_0)} \Delta v(x) d\sigma \right| \\ \leqslant &\left| \frac{n-2}{2} \left[\frac{d}{dr} \fint_{\partial B_r(x_0)} v d\sigma \right]^2 \right| + \left| \fint_{\partial B_r(x_0)} \Delta v(x) d\sigma \right| \\ \leqslant &C \frac{1}{r^2}. \end{aligned} \tag{6.65}$$

我们需要提醒读者, 如果 $n=3$, 这个估计会有点困难. 但是, 我们需要的只是对子列成立, 因而我们需要的结论是成立的. 利用 [24] 中引理 3.11.3 不难看出. 为了简单起见, 我们基于这个理解假设上述估计对 $n \geqslant 3$ 均成立. 我们将 (6.62) 改写成

$$\fint_{\partial B_r(x_0)} w(x) d\sigma = w(x_0) + \fint_{\partial B_r(x_0)} v(x) d\sigma - v(x_0) + P(r). \tag{6.66}$$

因此我们得到

$$\begin{aligned} &\frac{n-2}{2} \left[\frac{d}{dr} \fint_{\partial B_r(x_0)} w d\sigma \right]^2 + \fint_{\partial B_r(x_0)} \Delta w(x) d\sigma \\ = &\frac{n-2}{2} \left[\frac{d}{dr} \fint_{\partial B_r(x_0)} v d\sigma \right]^2 + \fint_{\partial B_r(x_0)} \Delta v(x) d\sigma \\ &+ \Delta P(r) + \frac{n-2}{2} \left\{ \frac{d}{dr}[P(r)] \right\}^2 \\ &+ (n-2) \frac{d}{dr}[P(r)] \cdot \left[\frac{d}{dr} \fint_{\partial B_r(0)} v d\sigma \right]. \end{aligned} \tag{6.67}$$

现在对于函数 w 项, $\mathbb{R}^n$ 上度量 $g = e^{2w} g_0$ 的数量曲率 R 满足以下方程:

$$\Delta w + \frac{n-2}{2} |\nabla w|^2 = -\frac{R}{2(n-1)} e^{2w}. \tag{6.68}$$

由于对于充分大的 r, $R \geqslant 0$, 故而我们有

$$\frac{n-2}{2} \left[\frac{d}{dr} \fint_{\partial B_r(x_0)} w d\sigma \right]^2 + \fint_{\partial B_r(x_0)} (\Delta) w(x) d\sigma$$

$$
\begin{aligned}
&= \frac{n-2}{2}\left\{\fint_{\partial B_r(x_0)} \frac{\partial w}{\partial r} d\sigma\right\}^2 + \fint_{\partial B_r(x_0)} \Delta w d\sigma \\
&\leqslant \fint_{\partial B_r(x_0)} \left\{\Delta w + \frac{n-2}{2}|\nabla w|^2\right\} d\sigma \\
&= -\fint_{\partial B_r(x_0)} \frac{R}{2(n-1)} e^{2w} d\sigma \\
&\leqslant 0,
\end{aligned}
\tag{6.69}
$$

但是在等式 (6.67) 的右端, 第一项和第二项的和是可由 (6.65) 来处理的. 根据 r 的阶, 最高阶项是 $C_1(n,p)^2 4(p-1)^2 r^{4p-6}[(-\Delta)^{p-1}u]^2(x_0)$. 因此如果我们将等式 (6.67) 除以因子 r^{4p-6}, 并令 r 趋于无穷大再结合式 (6.69), 我们可以推出如果 $2p > 3$, $[(-\Delta)^{p-1}u](x_0) = 0$. 一旦 $[(-\Delta)^{p-1}u](x_0) = 0$, 下一项就会变成 $C_2(n,p)^2 4(p-2)^2 r^{4p-10}[((-\Delta)^{p-2}u)(x_0)]^2$, 重复上述论断可得到 $[(-\Delta)^{p-2}u]$ $(x_0) = 0$. 继续重复这个过程, 我们看到, $P(r) \equiv 0$. 所以 u 满足平均值条件, u 是调和的. 最后, 我们证明 u 是常数. 由于 u 是调和函数, 对任意的指标 $1 \leqslant i \leqslant n$, u_i 也是调和的. 应用调和函数的球面平均性质, 我们得到: 对任意的 $x_0 \in \mathbb{R}^n$,

$$
|u_i(x_0)|^2 = \left|\fint_{\partial B_r(x_0)} u_i(x) d\sigma\right|^2 \leqslant \fint_{\partial B_r(x_0)} |\nabla u|^2 d\sigma. \tag{6.70}
$$

另一方面, 根据定义,

$$
\begin{aligned}
\frac{n-2}{4}|\nabla u|^2 &\leqslant \frac{n-2}{2}[|\nabla w|^2 + |\nabla v|^2] \\
&\leqslant -\frac{R}{2(n-1)} e^{2w} + \frac{n-2}{2}|\nabla v|^2 - \Delta v.
\end{aligned}
\tag{6.71}
$$

在球面 $\partial B_r(x_0)$ 上求积分, 再利用对函数 v 的估计 (6.65), 不难发现 $|u_i(x_0)| = 0$. 由于 x_0 以及 i 的任意性, $|\nabla u| \equiv 0$. 当然这说明函数 u 是常数. 这就完成了定理的证明. □

6.5 局部情形

这节的主要目的是推广 6.4 节的结论到局部情形. 我们将证明如下定理.

定理 6.5.1 假设 $(\mathbb{R}^n \backslash B_1(0), e^{2w} g_0)$ 是一个共形平坦度量其在无穷远处是完备的, 且具有绝对可积的 Q_n 曲率以及非负的数量曲率. 那么我们有

$$
\lim_{r \to \infty} \frac{[V_{n-1}(r)]^{n/(n-1)}}{n(\omega_n)^{1/(n-1)} V_n(r)}
$$

$$= \left\{ \frac{2}{(n-1)!\omega_n} \int_{\partial B_1(0)} \frac{\partial[(-\Delta)^{n/2-1}w]}{\partial r} d\sigma + 1 \right\} \\ - \frac{2}{(n-1)!\omega_n} \int_{\mathbb{R}^n \setminus B_1(0)} Q_n(y) e^{nw(y)} dy, \tag{6.72}$$

其中, 如之前一样,

$$Q_n(y) = e^{-nw(y)}[(-\Delta)^{n/2}w](y), \tag{6.73}$$

$$V_n(r) = \int_{B_r(0)\setminus B_1(0)} e^{nw(y)} dy, \tag{6.74}$$

以及

$$V_{n-1}(r) = \int_{\partial B_r(0)} e^{(n-1)w(y)} dy. \tag{6.75}$$

这个定理的证明过程会类似 6.4 节的证明顺序. 我们首先从局部情形的正则度量的定义开始.

定义 6.5.1 一个共形平坦且具有绝对可积 Q_n 曲率的度量 $e^{2w}g_0$ 在 $\mathbb{R}^n \setminus B_1(0)$ 称为正则的, 如果满足

$$w(x) = \frac{2}{(n-1)!\omega_n} \int_{\mathbb{R}^n \setminus B_1(0)} \left\{ \log \left[\frac{|y|}{|x-y|} \right] \right\} Q_n(y) e^{nw(y)} dy \\ + \beta_0 \log|x| + \left(\frac{n+1}{2} - p \right) \sum_{j=1}^{p-2} \frac{\beta_j}{|x|^{2j}} + h(x), \tag{6.76}$$

其中 $p = \left[\frac{n+1}{2}\right]$, $h(x)$ 是 $\mathbb{R}^n \setminus B_1(0)$ 上的某个 p 调和函数且具有如下性质:

(1)

$$r^{n-1} \frac{\partial}{\partial r} \left[⨍_{\partial B_r(0)} (-\Delta)^{n/2-1} h d\sigma \right] = o(1), \tag{6.77}$$

当 $r \to \infty$ 时.

(2) 对于所有 $2 \leqslant k \leqslant p$,

$$r^{2(k-1)} ⨍_{\partial B_r(0)} |\{(-\Delta)^{k-1}h\}(x)| d\sigma, \tag{6.78}$$

当 n 为奇数且 r 较大时是有界的; 当 n 为偶数, r 趋于无穷时是 $o(1)$.

作为第一部, 我们有如下的结果.

引理 6.5.1 如果 h 是 $\mathbb{R}^n\backslash B_1(0)$ 上的 p 调和函数而且满足 (6.78), 那么以下对函数 h 的估计是成立的.

$$r^{2k}\fint_{\partial B_r(0)}|\{(-\Delta)^k h\}(x)|d\sigma=o(1), \tag{6.79}$$

这对所有的 $1\leqslant k\leqslant p-1$, 在当 r 趋于无穷时, 都对. 而且更进一步, 当 r 趋于无穷时, 以下估计也成立.

$$r\frac{\partial}{\partial r}\left[\fint_{\partial B_r(0)}hd\sigma\right]=o(1). \tag{6.80}$$

证明 对于任意 $r>1$, 在球面 $\partial B_r(0)$ 取方程 $(-\Delta)^p h=0$ 的平均, 并且将其积分得到

$$\fint_{\partial B_r(0)}[(-\Delta)^{p-1}h](x)d\sigma=\alpha_p+\beta_p r^{2-n}, \tag{6.81}$$

其中 α_p 和 β_p 是两个不依赖于 r 的常数. 当然, 这里我们利用了我们的假设 (6.78). 现在我们分两种情况来讨论: n 为奇数和 n 为偶数.

情形 1 n 为奇数

这种情况比较容易. 如果 n 为奇数, 那么 $p=(n+1)/2$. 因此 $2(p-1)=n-1$. 将这个观察与对 h 增长的假设 (即公式 (6.78) 中取 $k=p$) 相结合, 我们看到 $\alpha_p=\beta_p=0$. 因此将 (6.81) 积分两次得到

$$\fint_{\partial B_r(0)}[(-\Delta)^{p-2}h](x)d\sigma=\alpha_{p-1}+\beta_{p-1}r^{2-n}. \tag{6.82}$$

由我们对 h 的假设推出 $\alpha_{p-1}=0$. 然后重复对 (6.82) 积分 $2(p-3)$ 次得到

$$\fint_{\partial B_r(0)}[(-\Delta)h](x)d\sigma=\alpha_1+\alpha_2 r^{-1}+\alpha_2 r^{-3}+\cdots+\alpha_{p-1}r^{2-n}, \tag{6.83}$$

其中 $\alpha_i, 1\leqslant i\leqslant p-1$ 是独立于 r 的常数. 那么由假设可将等式 (6.83) 两边乘以 r^2 后左边是有界的 (条件 (6.78), $k=2$ 的情形), 从而 $\alpha_1=\alpha_2=0$. 在这种情形下, 引理 6.5.1 中 (6.79) 由 (6.83) 得到, (6.80) 由 (6.83) 积分得到.

情形 2 n 为偶数

事实上在这种情况下 (6.79) 就是正则度量定义中的要求. (6.80) 由对 $k=1$ 时的 (6.79) 积分得到. □

对于在无穷远处完备的正则度量, 类似引理 6.3.1, 我们有如下恒等式.

引理 6.5.2 如果 $e^{2w}g_0$ 是一个正则度量, 在无穷远处完备, 那么

$$\lim_{r\to\infty}\left(1+r\frac{\partial\left\{\fint_{\partial B_r(0)} wd\sigma\right\}}{\partial r}\right)$$
$$=1+\beta_0-\frac{2}{(n-1)!\omega_n}\int_{\mathbb{R}^n\setminus B_1(0)} Q_n(y)e^{nw(y)}dy\geqslant 0.$$

证明 证明几乎是完全重复引理 6.3.1 的证明. 结合引理 6.5.1 我们不难得出结论. 这里我们略去细节部分. □

定理 6.5.1 之证明 为了证明定理 6.5.1 对于正则度量成立, 我们首先观察到, 对于正则度量有

$$\begin{aligned}(-\Delta)^{n/2-1}w=&\frac{1}{(n-2)\omega_n}\int_{\mathbb{R}^n\setminus B_1(0)}\frac{1}{|x-y|^{n-2}}Q_n(y)e^{nw(y)}dy\\&-\beta_0\frac{b(n)}{|x|^{n-2}}+(-\Delta)^{n/2-1}h.\end{aligned}\tag{6.84}$$

然后由散度定理知

$$\begin{aligned}&\int_{B_r(0)\setminus B_1(0)}Q_n(x)e^{nw(x)}dx\\=&\int_{B_r(0)\setminus B_1(0)}(-\Delta)^{n/2}wdx\\=&\int_{\partial B_1(0)}\frac{\partial\left[(-\Delta)^{n/2-1}w\right]}{\partial r}d\sigma-\int_{\partial B_r(0)}\frac{\partial\left[(-\Delta)^{n/2-1}w\right]}{\partial r}d\sigma\\=&\frac{1}{(n-2)\omega_{n-1}}\int_{\mathbb{R}^n\setminus B_1(0)}\left\{\int_{\partial B_r(0)}\frac{\partial}{\partial r}\left[\frac{1}{|x-y|^{n-2}}\right]d\sigma\right\}Q_n(y)e^{nw(y)}dy\\&-\beta_0b(n)(n-2)\omega_{n-1}+\int_{\partial B_1(0)}\frac{\partial\left[(-\Delta)^{n/2-1}w\right]}{\partial r}d\sigma\\&-\int_{\partial B_r(0)}\frac{\partial\left[(-\Delta)^{n/2-1}h\right]}{\partial r}d\sigma.\end{aligned}\tag{6.85}$$

注意到这里我们已经使用了积分的余项为 0 这个事实以及

$$b(n)(n-2)\omega_{n-1}=(n-1)!\omega_n/2.\tag{6.86}$$

因此将等式 (6.85) 除以因子 $(n-1)!\omega_n/2$ 得到

$$\begin{aligned}
&\frac{2}{(n-1)!\omega_n}\int_{B_r(0)\backslash B_1(0)} Q_n(x)e^{nw(x)}dx\\
=&\frac{2}{(n-1)!\omega_n}\int_{\mathbb{R}^n\backslash B_1(0)}\left\{\fint_{\partial B_r(0)} r^{n-1}\frac{\partial}{\partial r}\left[\frac{1}{|x-y|^{n-2}}\right]d\sigma\right\}Q_n(y)e^{nw(y)}dy\\
&-\beta_0+\frac{2}{(n-1)!\omega_n}\int_{\partial B_1(0)}\frac{\partial\left[(-\Delta)^{n/2-1}w\right]}{\partial r}d\sigma\\
&-\frac{2}{(n-1)!\omega_n}\int_{\partial B_r(0)}\frac{\partial\left[(-\Delta)^{n/2-1}h\right]}{\partial r}d\sigma.
\end{aligned}\tag{6.87}$$

现在令 $r\to\infty$, 利用式 (6.77) 得到

$$\frac{2}{(n-1)!\omega_n}\int_{\partial B_1(0)}\frac{\partial\left[(-\Delta)^{n/2-1}w\right]}{\partial r}d\sigma=\beta_0.\tag{6.88}$$

因此定理 6.5.1 对于正则度量成立可由引理 6.5.1 和以下观察得到

$$\lim_{r\to\infty}\left(1+r\frac{\partial\left\{\fint_{\partial B_r(0)} wd\sigma\right\}}{\partial r}\right)=\lim_{r\to\infty}\frac{[V_{n-1}(r)]^{n/(n-1)}}{(n\omega_n)^{1/n}V_n(r)},\tag{6.89}$$

这可由全空间上同样的洛必达法则得到.

我们现在要去证明我们的假设可推出 $e^{2w}g_0$ 是一个正则度量. 让我们定义一个新的函数

$$v(x)=\frac{2}{(n-1)!\omega_n}\int_{\mathbb{R}^n\backslash B_1(0)}\left\{\log\left[\frac{|y|}{|x-y|}\right]\right\}Q_n(y)e^{nw(y)}dy.\tag{6.90}$$

注意到 Q_ne^{nw} 绝对可积的条件可以推出 v 是有定义的并且满足

$$(-\Delta)^{n/2}v=Q_ne^{nw}.\tag{6.91}$$

现在我们设 $u=w-v$. 显然 u 是一个 p 调和的函数其中 $p=\left[\dfrac{n+1}{2}\right]$. 我们观察到对于任意 $x_0\in\mathbb{R}^n\backslash B_1(0)$, 以及 $r\leqslant|x_0|-1$, 式 (6.62) 成立. 如果我们选择 R_0 充分大使得对于任意满足 $|x|\geqslant R_0$ 的点 x 处数量曲率 $R\geqslant 0$, 那么对于任意

的 x_0 使得 $x_0 \geqslant 2R_0$, 我们有在球 $B_{|x_0|/2}(x_0)$ 中 $R \geqslant 0$. 因此对于这样的 x_0, 对于 $r \leqslant |x_0|/2$, 式 (6.69) 也成立. 因此式 (6.67) 推得

$$r^2 \left| \left\{ \Delta P_r + \frac{n-2}{2} \left[\frac{d}{dr} P(r) \right]^2 \right\} \right| \leqslant C, \tag{6.92}$$

其中 C 为某个独立于 x_0 和 r 的常数. 其中我们使用了这样的事实, 利用 v 的定义我们有

$$r^2 \left| ⨍_{\partial B_r(x_0)} \Delta v d\sigma \right| \leqslant C_1, \tag{6.93}$$

以及

$$r \left| \frac{d}{dr} \left\{ ⨍_{\partial B_r(x_0)} v d\sigma \right\} \right| \leqslant C_2, \tag{6.94}$$

其中 C_1, C_2 仅依赖于 n 和 Q_n 曲率的全绝对积分.

那么由式 (6.92) 再取 $r = |x_0|/2$ 得

$$|x_0|^{2k} \left| \left[(-\Delta)^k u \right] (x_0) \right| \leqslant C_3, \tag{6.95}$$

其中 C_3 是另外一个常数仅依赖 n, C_1, C_2, 最重要的是独立于 x_0.

现在我们需要计算出函数 h. 令 β_0 为一个待定常数, 考虑函数

$$\gamma(x) = u - \beta_0 \log |x|. \tag{6.96}$$

不难看出

$$(-\Delta)^{n/2} \gamma = 0. \tag{6.97}$$

那么, 对于 $r \geqslant 1$ 在球面 $\partial B_r(0)$ 上取方程

$$(-\Delta)^{n/2} u = 0 \tag{6.98}$$

的球面平均并积分两次得到

$$⨍_{\partial B_r(0)} (-\Delta)^{n/2-1} u d\sigma = a + \frac{b}{r^{n-2}}. \tag{6.99}$$

由直接的计算可得 $(-\Delta)^{n/2-1}\gamma = (-\Delta)^{n/2-1}u - b_n \beta_0 r^{2-n}$ 其中 $b_n \neq 0$ 是个仅依赖于 n 的常数. 由于 u 满足式 (6.95), 因此推出在式 (6.99) 中 $a = 0$. 我们选择 $\beta_0 = \dfrac{b}{b_n}$. 基于这个选择我们显然有

$$⨍_{\partial B_r(0)} [(-\Delta)^{n/2-1} \gamma] d\sigma = 0. \tag{6.100}$$

为了找到满足正则度量定义中所说性质的函数 h, 我们需要分奇偶讨论.

如果 n 是奇数, 式 (6.95) 足够推出方程 γ 满足正则度量定义中需要的性质.

如果 n 为偶数, 我们需要做更多的工作来找出正则度量定义中的函数 h. 令 $\beta_i, 1 \leqslant i \leqslant p-2$ 为待定的常数, 考虑函数 γ_1 定义如下

$$\gamma_1(x) = \gamma(x) - \sum_{j=1}^{p-2} \frac{\beta_j}{|x|^{2j}}. \tag{6.101}$$

那么容易看出在 $\mathbb{R}^n \backslash B_1(0)$ 上 $(-\Delta)^{n/2}\gamma_1 = 0$. 由 β_0 的选择知

$$\fint_{\partial B_r(0)} \left[(-\Delta)^{n/2-1}\gamma_1\right] d\sigma = 0. \tag{6.102}$$

将式 (6.102) 积分两次得到

$$\fint_{\partial B_r(0)} \left[(-\Delta)^{n/2-2}\gamma_1\right] d\sigma = a + \frac{b}{r^{n-2}}. \tag{6.103}$$

由 γ_1 的定义可知

$$(-\Delta)^{n/2-2}\gamma_1 = (-\Delta)^{n/2-2}u - b_0(n)\beta_0 r^{4-n} - b_1(n)\beta_1 r^{2-n}. \tag{6.104}$$

利用估计 (6.95), 我们可得在式 (6.103) 中 $a = 0$. 因此式 (6.103) 和式 (6.104) 可推得当 $r \to \infty$, 极限 $r^{n-2}\fint_{\partial B_r(0)} (-\Delta)^{n/2-2}u d\sigma$ 存在且有限. 我们可以选择 β_1 使得 $b_1(n)\beta_1$ 为该极限. 对于 β_1 的这个选择, 我们有

$$\fint_{\partial B_r(0)} \left[(-\Delta)^{n/2-2}\gamma_1\right] d\sigma = 0. \tag{6.105}$$

重复这个过程 $n/2-3$ 次来选出所有的系数 $\beta_i, 2 \leqslant i \leqslant p-2$. 基于 β_i 这样的选择, 我们可令函数 γ_1 为所需函数 h.

在两种情形中, h 都具有对于正则度量我们想要的性质. 由 v 和 h 的定义, 我们容易看出度量 $g = e^{2w}g_0$ 对于所有维数是正则度量. 因此完成了定理 6.5.1 的证明. □

6.6 共形平坦流形的 Gauss-Bonnet-陈公式

鉴于对高维 Gauss-Bonnet-陈公式的理解有限, 我们没有对于所有维数的一般结果. 因为我们知道对于奇数维没有这样的公式, 我们只能在共形平坦的情形

中得到一个结果. 一般的局部共形平坦的流形可能还是太过复杂, 特别是它们的末端结构. 这里我们的讨论主要还是集中在这种流形的一些子类上.

定义 6.6.1 (单连通, 具有共形平坦的简单末端共形平坦流形)　假设 (M,g) 如下给定

$$M = N \cup \left\{ \bigcup_{k=1}^{l} E_k \right\},$$

其中 (N,g) 是一个紧的局部平坦流形其边界为

$$\partial N = \bigcup_{k=1}^{l} \partial E_k.$$

这里每个 E_k 是 M 的一个共形平坦的简单末端, 即对于某些函数 w_k

$$(E_k, g) = (\mathbb{R}^n \backslash B_1(0), e^{2w} g_0),$$

其中 $B_1(0)$ 是 $\mathbb{R}^n$ 上单位球. 那么我们称 (M,g) 是一个具有有限个共形平坦简单末端的完备共形平坦的 $2m$ 维流形.

我们这里备注一下, Chang、Qing、Yang 在 [4] 中已经指出存在很多这样的流形, 特别是那些由 R. Schoen[18] 以及 R. Mazzeo、F. Pacard[17] 在 n 维球面上去掉有限多个点所构造的流形, 其具有常数量曲率的完备局部共形平坦度量.

作为这节的主要结果, 我们要应用上一节的局部的情形的结果得到以下结论.

定理 6.6.1　假设 (M,g) 是一个完备的局部共形平坦 $n=2m$ 维流形具有简单末端. 令这个末端的个数等于 l. 并且假设

(a) 每个末端的无穷远处数量曲率非负;

(b) Q_n 曲率绝对可积,

那么我们有

$$\chi(M) - \frac{2}{(n-1)!\omega_n} \int_M Q_n dv_g = \sum_{k=1}^{l} \mu_k, \tag{6.106}$$

其中

$$\mu_k = \lim_{r\to\infty} \frac{\left[\displaystyle\int_{\partial B_r(0)} e^{(n-1)w_k} d\sigma\right]^{n/(n-1)}}{n(\omega_n)^{1/(n-1)} \displaystyle\int_{B_r(0)\backslash B_1(0)} e^{nw_k} dx}. \tag{6.107}$$

注释 6.6.1　由具有简单末端的局部共形平坦的完备流形的定义可知

$$M = N \cup \left\{ \bigcup_{k=1}^{l} E_k \right\}.$$

由于 (M,g) 局部共形平坦, Q_n 可以被简单定义如下

$$Q_n = [(-\Delta_{g_0})^{n/2}w]e^{-nw},$$

其中 g_0 是 $\mathbb{R}^n$ 上平坦度量.

证明 首先, 在 [20] 中著名的 Gauss-Bonnet-陈公式对于带边 ∂N 的紧流形 N 如下:

$$\chi(N) = \frac{n!}{\pi^m m! 2^{2m}} \int_N K_n dv_g + \frac{1}{\pi^m m! 2^{2m}} \int_{\partial N} \eta^* \Phi, \tag{6.108}$$

其中 η 是内法向而不是外法向, Φ 是 N 的单位切丛上的 $n-1$ 形式使得

$$d\Phi = n! K_n dv_g. \tag{6.109}$$

接着, 利用 T. Branson, P. Gilkey 和 J. Pohjanpelto[2] 中定理 0.2, 可知存在一个非零常数 c 以及 $n-1$ 形式 Ψ 使得

$$Q_n dv_g = cK_n dv_g + d\Psi. \tag{6.110}$$

注意到我们的 Q_n 曲率满足定理 0.2 的条件. 因此结合式 (6.108) 和式 (6.110) 以及 Stokes 定理可得

$$\begin{aligned}\chi(N) &= \frac{n!}{\pi^m m! 2^{2m}} \int_N K_n dv_g + \frac{1}{\pi^m m! 2^{2m}} \int_{\partial N} \eta^* \Phi \\ &= \frac{n!}{c\pi^m m! 2^{2m}} \int_N Q_n dv_g + \int_{\partial N} \left\{ \frac{1}{\pi^m m! 2^{2m}} \eta^* \Phi - \frac{n!}{c\pi^m m! 2^{2m}} \Psi \right\}.\end{aligned} \tag{6.111}$$

由于这个结论对所有局部共形平坦流形成立, 特别地, 对于 $\mathbb{S}^n$ 成立. 因此我们推出常数 c 满足

$$\frac{n!}{c\pi^m m! 2^{2m}} = \frac{2}{(n-1)!\omega_n}. \tag{6.112}$$

让我们定义 $n-1$ 形式 Ω 为

$$\frac{1}{\pi^m m! 2^{2m}} \eta^* \Phi - \frac{n!}{c\pi^m m! 2^{2m}} \Psi.$$

注意到对我们的情形 $\partial N = \bigcup_{k=1}^{l} \partial B_1(0)$ 并且在 N 的边界 ∂N 附近流形看起来像乘积流形. 我们应该使用柱坐标使得 $Q_n e^{nw}$ 可以被简单地表达成如 (6.108) 中的微分形式. 为了这样做, 我们记 v 在边界 ∂N 附近为函数 $w + \log|x|$. 显然我们仍然有

$$(-\Delta)^{n/2} v = Q_n(y) e^{nv}. \tag{6.113}$$

注意到在每个末端, 标准度量可以被用柱坐标写成 $ds^2 = e^{2t}\{dt^2 + ds_0^2\}$. 利用柱坐标的好处是, 一方面, 沿着 $\partial B_1(0)$ 的法向量场刚好是 $\partial/\partial t$; 另一方面, 拉普拉斯算子在法方向有一个自然的展开:

$$(-\Delta) = -e^{-nt}\frac{\partial}{\partial t}\left\{e^{(n-2)t}\frac{\partial}{\partial t}\right\} + e^{-2t}(-\Delta_0), \tag{6.114}$$

其中 $-\Delta_0$ 是关于 $\mathbb{S}^{n-1} = \partial B_1(0)$ 的圆形度量的拉普拉斯. 因此我们有

$$\begin{aligned}&\left[(-\Delta)^{n/2}v\right] e^{nt}dt \wedge d\theta_1 \wedge \cdots \wedge d\theta_{n-1}\\ =\,& d\left\{e^{(n-2)t}\left[(-\Delta)^{n/2-1}v\right] d\theta_1 \wedge \cdots \wedge d\theta_{n-1}\right\},\end{aligned} \tag{6.115}$$

其中 $d\theta_1 \wedge \cdots \wedge d\theta_{n-1}$ 是 $S^{n-1} = \partial B_1(0)$ 上的体积形式. 这意味着在柱坐标下我们有

$$Q_n dv_g = d\left\{e^{(n-2)t}\left[(-\Delta)^{n/2-1}v\right] d\theta_1 \wedge \cdots \wedge d\theta_{n-1}\right\}. \tag{6.116}$$

再由该式和 Ω 的定义知

$$d\Omega = \frac{2}{(n-1)!\omega_n} d\left\{e^{(n-2)t}\left[(-\Delta)^{n/2-1}v\right] d\theta_1 \wedge \cdots \wedge d\theta_{n-1}\right\}. \tag{6.117}$$

利用 T. Branson, P. Gilkey 和 J. Pohjanpelto[2] 中定理 0.3, 存在一个 $n-2$ 形式 Λ 使得

$$\Omega = \frac{2}{(n-1)!\omega_n}\left\{e^{(n-2)t}\left[(-\Delta)^{n/2-1}v\right] d\theta_1 \wedge \cdots \wedge d\theta_{n-1}\right\} + d\Lambda. \tag{6.118}$$

现在在每个末端, $\partial B_1(0)$ 是一个闭的无边流形, 利用 Stokes 定理, 我们有

$$\int_{\partial B_1(0)} \Omega = \frac{2}{(n-1)!\omega_n}\int_{\partial B_1(0)}\left\{\left[(-\Delta)^{n/2-1}v\right] d\theta_1 \wedge \cdots \wedge d\theta_{n-1}\right\}, \tag{6.119}$$

当 $t=0$ 时. 因此结合式 (6.116) 和式 (6.119) 得

$$\begin{aligned}\chi(N) =\,& \frac{2}{(n-1)!\omega_n}\int_N [(-\Delta)^{n/2}v]dx\\ &+ \frac{2}{(n-1)!\omega_n}\int_N \eta^*\left\{[(-\Delta)^{n/2-1}v]d\sigma\right\},\end{aligned} \tag{6.120}$$

其中 $d\sigma = d\theta_1 \wedge \cdots \wedge d\theta_{n-1}$. 现在由我们已经选择的坐标可知

$$\eta^*\left\{[(-\Delta)^{n/2-1}v]d\sigma\right\} = \frac{\partial}{\partial t}\left\{(-\Delta)^{n/2-1}v\right\}|_{t=0}d\sigma. \tag{6.121}$$

从而我们得到以下恒等式:

$$\chi(N) = \frac{2}{(n-1)!\omega_n}\int_N Q_n dv_g + \frac{2}{(n-1)!\omega_n}\int_{\partial N}\left[\frac{\partial}{\partial t}\left\{(-\Delta)^{n/2-1}v\right\}\bigg|_{t=0}\right]d\sigma. \tag{6.122}$$

这里的关键点是对于每个末端, 我们有

$$\int_{\partial B_1(0)}\left[\frac{\partial}{\partial t}\left\{(-\Delta)^{n/2-1}v\right\}\bigg|_{t=0}\right]d\sigma = \int_{\partial B_1(0)}\frac{\partial[(-\Delta)^{n/2-1}w]}{\partial r}d\sigma + b(n)(n-2)\omega_{n-1}, \tag{6.123}$$

并且 $e^{-t}\frac{\partial}{\partial t} = \frac{\partial}{\partial r}$, $e^{(n-1)t} = r^{n-1}$. 因此定理 6.5.1 特别是关系式 (6.86) 推得

$$\lim_{r\to\infty}\int_{\partial B_r(0)}\left\{\frac{\partial[(-\Delta)^{n/2-1}w_k]}{\partial r} - b(n)(2-n)r^{1-n}\right\}d\sigma = \mu_k\frac{(n-1)!\omega_n}{2}. \tag{6.124}$$

那么由这些观察可得

$$\chi(M) = \chi(N) = \frac{2}{(n-1)!\omega_n}\int_M Q_n dv_g + \sum_{k=1}^{l}\mu_k. \tag{6.125}$$

□

可由定理 6.6.1 直接推得

$$\chi(M) \geqslant \frac{2}{(n-1)!\omega_n}\int_M Q_n dv. \tag{6.126}$$

注释 6.6.2 该不等式之前已经被 H. Fang 在 [8] 中证明过.

定理 6.6.1 给出了一些 Gauss-Bonnet-陈公式的真正内涵. 至于 $\mathbb{R}^n$ 形式的公式已经被 C. B. Ndiaye 和 J. Xiao 所证明[25].

6.7 其他情形的相关问题

J. Cao 和 F. Xavier 在 [26] 中给出同胚于 Kahler 流形, 具有非正曲率的紧黎曼流形 M^{2n}, 其欧拉数 $\chi(M^{2n})$ 满足不等式

$$(-1)^n\chi(M^{2n}) \geqslant 0.$$

这里就会自然考虑这个情形和我们研究的情形有何联系. 我们要注意到在这个情形中, 流形的万有复叠空间微分同胚于 $\mathbb{R}^n$. 所以它只有一个末端. 在我们的研究中需要有共形平坦的末端.

对于正截面曲率的情形, 利用 Cheeger 和 Gromoll 著名的分裂定理本应该相对简单一些. M 可以被写成 $\bar{M} \times \mathbb{R}^k$ 其具有简单末端结构. 可是并非易事. 对于高维的情形 Gauss-Bonnet-陈公式非常复杂. Greene 和 Wu 在 4 维的结果包含了这种类型.

对于超曲面情形, D. Franki 和 K. Wolfgang[27] 有以下结果:

(1) 对于高维超曲面, 曲率缺陷可以为正, 为负或者 0, 这依赖于 “无穷远” 处末端的形状.

(2) 给出一个直观的例子, 在 5 维欧氏空间中的 4 维超曲面其曲率缺陷为负, 类似的 Cohn-Vossen 不等式不再成立.

(3) 对于开的具有锥状末端的超曲面, 全曲率在形变下保持不变等价于每个末端在球上的 “无穷远” 处 Gauss-Kronecker 曲率为 0.

我们的结果和这个结论是否有什么关联? 这些都是值得去探究的.

参考文献

[1] Branson T. The functional Determinant, Research Institute of Mathematics. Global Analysis Research Center, Seoul National University, Seoul 151-742, Korea.

[2] Branson T, Gilkey P, Pohjanpelto J. Invariants of locally conformally flat manifolds. Thans. Am. Math. Soc., 1995, 347: 3671-3742.

[3] Chang A S Y, Qing J, Yang P C. On the Chern-Gauss-Bonnet integral for conformal metrics on $\mathbb{R}^4$. Duke Journal of Mathematics, 2000, 103: 523-544.

[4] Chang A S Y, Qing J, Yang P C. Compactification of a class of conformal flat 4-manifolds. Inventiones Math., 2000, 142: 65-93.

[5] Cohn-Vesson S. Küzest Wege und Totalkrümmungauf Flächen. Composito Math., 1935, 2: 69-133.

[6] Escobar J F. Conformal deformation of a Riemannian metric to a scalar flat metric with constant mean curvature on the boundary. Ann. Math., 1992, 136: 1-50.

[7] Fang H, Ph. D. Thesis, Princeton University, 2000.

[8] Fang H. On a conformal Gauss-Bonnet-陈 inequality for LCF manifolds and related topics. Calc. Var., 2005, 23: 469-496.

[9] Fefferman C, Robin Graham C. Q-curvature and Poincaré metrics. Math. Res. Lett., 2002, 9: 139-151.

[10] Finn R. On a class of conformal metrics, with application to differential geometry in the large. Comment Math. Helv., 1965, 40: 1-30.

[11] Gilbarg D, Trudinger N. Elliptic Partial Differential Equations of Second Order. 2nd ed. New York: Springer-Verlag, 1983.

[12] Robin Graham C, Zworski M. Scattering matrix in conformal geometry. Invent. Math., 2003, 152: 89-118.

[13] Greene R, Wu H. C^{∞} convex functions and manifolds of positive curvature. Acta Math., 1976, 137: 209-245.

[14] Huber A. On subharmonic functions and differential geometry in the large. Comment. Ment. Helv., 1957, 32: 13-72.

[15] Lieb E H, Loss M. Analysis, Graduate Studies in Mathematics 14. American Mathe-Matical Society.

[16] Lin C S. A classification of solutions of a conformally invariant fourth order equation in $\mathbb{R}^n$. Comment. Math. Helv., 1998, 73: 206-231.

[17] Mazzeo R, Pacard F. Constant scalar curvature metrics with isolated singularities. Duke Math. J., 1999, 99: 367-418.

[18] Schoen R. The existence of weak solutions with prescribed singular behavior for a conformally scalar equation. Comm. Pure and Applied Math., XLI, 1988: 317-392.

[19] Schoen R, Yau S T. Lectures on Differential Geometry. Conference Proceedings and Lecture Notes in Geometry and Topology, I. International Press, Cambridge, MA, 1994: v+235.

[20] Spivak M. A Comprehensive Introduction to Differential Geometry, Volume five. 2nd ed. Berkeley: Publish or Perish, Inc. 1979.

[21] Trudinger N. On new isoperimetric inequalities. J. Reine Angew. Math., 1997, 488: 203-220.

[22] Wei J, Xu X. Classification of solutions of higher order conformally invariant equations. Math. Ann., 1999, 313: 207-228.

[23] Xu X. Uniqueness and non-existence theorems for conformally invariant equations. Unpublished.

[24] Ziemer W. Weakly Differentiable Fundtions. Graduate Texts in Mathematics 120. New York: Springer-Verlag, 1989.

[25] Ndiaye C B, Xiao J. An upper bound of the total Q-curvature and its isoperimetric deficit for higher-dimensional conformal Euclidean metrics. Calc. Var., 2010, 38: 1-27.

[26] Cao J, Xavier F. Kahler parabolicity and the Euler number of compact manifolds of non-positive curvature. Math. Ann., 2001, 319: 483-491.

[27] Franki D, Wolfgang K. Total curvature of complete sub-manifolds of Euclidean space. Tohoku Math. J., 2005, 57(2): 171-200.

区间映射迭代中的复分析方法

沈维孝[①]

7.1 离散动力系统

动力系统是研究系统随时间演变的长期行为的数学分支. 最广泛意义下的动力系统指的是半群 G 在空间 X 上的作用. 这里, 半群 G 的元素代表“时间”, 空间 X 的元素代表系统的状态, 而 G 在 X 上的作用表示系统随时间的演变规律. 这一数学分支的主要研究对象是轨道 $\mathcal{O}(x)=\{gx, g\in G\}$ 的当 g“趋于无穷大”时的性质.

本文只考虑由映射 $f: X\to X$ 的迭代生成的动力系统 (通常称为离散时间动力系统). 记

$$f^n=\underbrace{f\circ f\circ\cdots\circ f}_{n}.$$

注意 f 的迭代自然对应了加法半群 $\mathbb{N}=\{0,1,\cdots\}$ 在空间 X 上的作用. 我们关心的主要问题可以分为以下两类.

- 给定 f, 刻画轨道 $\mathcal{O}(x)=\mathcal{O}_f(x)=\{f^n(x)\}_{n\geqslant 0}$ 在相空间X 中的分布;
- 稳定性：对 f 作扰动时, 轨道分布的稳定性及分支行为 (不稳定性).

区间映射的迭代, 作为动力系统的最基本情形之一, 有很长的研究历史. 自 20 世纪 80 年代以来, 复分析的工具被 Sullivan 等引入区间映射迭代的研究中, 取得了巨大的成功. 本文主要回顾讨论这一方面的部分方法和结果.

7.2 偏 差 估 计

偏差估计是分析非线性动力系统性质的重要手段. 本节中, 我们用一个例子说明如何运用经典复分析中的 Schwarz 引理和 Koebe 偏差定理来对区间映射迭代作偏差估计. 我们首先简要回顾一下这两个结论.

---

① 复旦大学.

每一个单连通域 $\Omega \subsetneq \mathbb{C}$ 上都有唯一的 Gauss 曲率恒等于 -1 的完备度量, 称为 Ω 上的 Poincaré 度量 (或双曲度量). 当 $\Omega = \mathbb{D} = \{|z| < 1\}$ 时, 这个度量是 $2|dz|/(1-|z^2|)$.

Schwarz 引理 设 $f : \Omega_1 \to \Omega_2$ 是全纯函数, 其中 Ω_1, Ω_2 是 $\mathbb{C}$ 中的单连通域, 不等于 $\mathbb{C}$. 若 $\rho_j(z)|dz|$ 表示 Ω_j 上的双曲度量, 那么

$$|f'(z)|\rho_2(f(z)) \leqslant \rho_1(z), \quad z \in \Omega_1.$$

若等号对某个 $z \in \Omega_1$ 成立, 那么 f 是双全纯映射.

Koebe 偏差定理 设 $\varphi : \mathbb{D} \to \mathbb{C}$ 是全纯单射. 那么对任意紧集 $r \in (0,1)$, 存在与 φ 无关的常数 $C(r)$, 使得当 $|z_1|$, $|z_2| \leqslant r$ 时,

$$\frac{|\varphi'(z_1)|}{|\varphi'(z_2)|} \leqslant C(r).$$

我们以二次多项式 $Q_a(x) = a - x^2$ 为例考虑这两个经典定理的应用. 对每个参数 $a \in \mathbb{R}$, 考虑映射 $Q_a : \mathbb{R} \to \mathbb{R}$ 的迭代.

(1) 当 $a < -1/4$ 时, Q_a 没有不动点, 从而对所有的 $x \in \mathbb{R}$, $Q_a^n(x)$ 单调下降趋于 $-\infty$.

(2) 当 $a \geqslant -1/4$ 时, Q_a 有如下两个不动点:

$$\beta_a = \frac{-1-\sqrt{1+4a}}{2}, \quad \alpha_a = \frac{-1+\sqrt{1+4a}}{2}.$$

(3) 当 $-1/4 \leqslant a \leqslant 2$ 时, Q_a 将区间 $I_a = [\beta_a, -\beta_a]$ 映到自身.

(4) 当 $a > 2$ 时,

$$K_a := \{x \in \mathbb{R} : \{Q_a^n(x)\}_{n=0}^{\infty}\text{有界}\} = \bigcap_{n=0}^{\infty} Q_a^{-n}(I_a).$$

临界点 $x = 0$ 的回复性 ($x = 0$ 的轨道在相空间中的分布) 是研究 Q_a 的动力系统性质的主要困难所在. 本节中, 我们仅考虑 $a > 2$ 的情形, 此时

$$Q_a(0) > 0 > Q_a^2(0) > Q_a^3(0) > \cdots \searrow -\infty.$$

定理 7.2.1 *若 $a > 2$, 则 K_a 是 Lebesgue 零测集.*

证明 容易看出 $Q_a^{-1}(I_a)$ 由两个区间构成 $J^1 = [\beta_a, v_a]$, $J^2 = [-v_a, -\beta_a]$, 其中

$$v_a < 0, \quad Q_a(v_a) = -\beta_a,$$

而 Q_a 将 J_1 和 J_2 分别一一地映满 I_a. 由此可以看出, 对任意 $n=1,2,\cdots$, $Q_a^{-n}(I_a)$ 由 2^n 个两两不交的闭区间 J_n^j 构成, $1\leqslant j\leqslant 2^n$, Q_a^n 将 J_n^j 一一地映满到 I_a, 将 $K_a\cap J_n^j$ 映满到 K_a. 由 Lebesgue 密度定理, 我们只需证明

(i)
$$\lim_{n\to\infty}\max_{j=1}^{2^n}|J_n^j|=0,$$

(ii)
$$\sup_{x,y\in J_n^j}\frac{|(Q_a^n)'(x)|}{|(Q_a^n)'(y)|}\leqslant C,$$

这里 C 是与 n,j 无关的常数.

事实上, (ii) 保证了

$$\frac{|J_n^j\setminus K_a|}{|J_n^j|}\geqslant\frac{1}{C}\frac{|I_a\setminus K_a|}{|I_a|}$$

有一致的正下界. 结合 (i), 这表明 K_a 没有 Lebesgue 密度点, 从而只能是零测集.

如果 $Q_a:J^1\cup J^2\to I_a$ 是扩张的, 即

$$\lambda_a=\inf_{x\in J^1\cup J^2}|Q_a'(x)|>1,\tag{7.1}$$

那么 (i), (ii) 可以用实分析方法证明如下. 由

$$\max_{j=1}^{2^n}|J_n^j|\leqslant\lambda_a^{-1}\max_{j=1}^{2^{n-1}}|J_{n-1}^j|\leqslant\cdots\leqslant\lambda_a^{-n}|I_a|,$$

我们得到 (i). 下面证明 (ii). 对任意 $x,y\in J_n^j$, 令 $x_k=Q_a^k(x)$, $y_k=Q_a^k(y)$. 则 $|x_k-y_k|\leqslant\lambda_a^{k-n}|I_a|$, $0\leqslant k<n$. 由链式法则,

$$\frac{|(Q_a^n)'(x)|}{|(Q_a^n)'(y)|}=\prod_{k=0}^{n-1}\frac{|Q_a'(x_k)|}{|Q_a'(y_k)|}=\prod_{k=0}^{n-1}\frac{|x_k|}{|y_k|}.$$

注意到 $|y_k|\geqslant|v_a|$. 上式右端不超过

$$\exp\left\{|v_a|^{-1}\sum_{k=0}^{n-1}|x_k-y_k|\right\}<\exp\{|v_a||\beta_a|/(\lambda_a-1)\}.$$

于是 (ii) 得证.

但是当 a 接近于 2 时, λ_a 接近于 0, 从而上面的方法不奏效. 此时, 我们借助复分析工具来处理这个问题.

设 Ω 是以原点为中心, 半径略大于 $|\beta_a|$ 的圆盘. 把 Q_a 看作 $\mathbb{C}$ 到 $\mathbb{C}$ 的映射. 设 Ω^j 是 $Q_a^{-1}(\Omega)$ 的包含 J^j 的连通分支, $j=1,2$. 可以验证 Ω^1 和 Ω^2 是紧包含

于 Ω 的 Jordan 区域. 由 Schwarz 引理, 我们知道 $Q_a : \Omega^1 \cup \Omega^2 \to \Omega$ 相对于 Ω 上的双曲 (Poincaré) 度量是扩张的, 即

$$\widetilde{\lambda}_a := \inf_{z \in \Omega^1 \cup \Omega^2} |Q_a'(z)| \frac{\rho(Q_a(z))}{\rho(z)} > 1,$$

这里 $\rho(z)|dz|$ 表示 Ω 上的双曲度量. 于是, 在度量 $\rho(z)|dz|$ 下, J_n^j 的长度指数小, 而 (ii) 是 Koebe 偏差定理的直接推论. □

事实上, 区间映射迭代的偏差估计中常用的实 Koebe 偏差定理, 是复分析中 Koebe 偏差定理的类比, 不仅适用于实解析函数, 也适用于临界点非平坦的光滑映射. 参见 [6,17,29].

7.3 Milnor-Thurston 拓扑熵问题

我们继续讨论二次多项式 $Q_a(x) = a - x^2$ 的迭代. 这个动力系统的复杂性可以用如下的熵来刻画:

$$h_{\text{top}}(Q_a) = \lim_{n \to \infty} \frac{1}{n} \log s_a(n),$$

其中 $s_a(n)$ 表示 Q_a^n 的极大单调分支的个数.

不难看出, 当 $a < 0$ 时, Q_a^n 总在 $(-\infty, 0]$ 及 $[0, \infty)$ 上单调, 从而 $s_a(n) = 2$, $h_{\text{top}}(Q_a) = 0$; 而当 $a \geqslant 2$ 时, Q_a^n 恰有 2^n 个极大单调分支, 于是 $s_a(n) = 2^n$, $h_{\text{top}}(Q_a) = \log 2$.

定理 7.3.1 (Milnor-Thurston[20]) *熵 $h_{\text{top}}(Q_a)$ 是 a 的 (不严格) 单调增函数.*

它的第一个证明其实是由 Sullivan (未发表) 给出的. Milnor-Thurston、Douady、Tsujii 等给出了不同的证明. 所有的证明都本质地依赖于复分析工具. 特别地, 若点 $Q_a(x) = a - x^2$ 换作 $Q_a(x) = a - |x|^\ell$, 这些证明只在 ℓ 是正偶数时有效, 虽然相应的单调性定理一般认为对所有的 $\ell > 1$ 成立.

根据 Milnor-Thurston 的揉理论 (kneading theory), 定理 7.3.1 是如下结果的推论.

定理 7.3.2 (Sullivan) *设 q 是正整数, $a_1, a_2 \in \mathbb{R}$ 使得 $Q_{a_j}^q(0) = 0$, 且*

$$Q_{a_1}^k(0) Q_{a_2}^k(0) > 0, \quad 1 \leqslant k < q,$$

那么 $a_1 = a_2$.

证明的过程并不复杂, 虽然需要用到复动力系统的语言, 参见 [6]. Sullivan 的关于这个刚性定理的证明在区间映射迭代的发展中起到了极其重要的作用. 人们

将这个定理推广到一般形式, 最终证明了区间映射迭代中的重要猜想——双曲性稠密猜想, 参看 7.5.

Milnor-Thurston 给出了定理 7.3.2 和定理 7.3.1 的另一个证明, 更紧密地将这个问题和 Teichmüller 理论联系起来：对定理 7.3.2 中的 a_1, a_2, 显然存在关于实轴对称的拟共形映射 h, 将 $Q_{a_1}^k(0)$ 映到 $Q_{a_2}^k(0)$, $1 \leqslant k \leqslant q$. Milnor-Thurston 考虑与 h 相对于 $\{Q_a^k(0)\}$ 的同伦类中的极值拟共形映射 H, 运用 Teichmüller 极值拟共形映射理论证明了 H 是线性的.

Tsujii[28] 运用算子理论证明了如下的定理 7.3.3. 这个定理是定理 7.3.2 的如下无穷小版本, 可以推出定理 7.3.2.

定理 7.3.3 (Tsujii)　设 $Q_a^q(0) = 0$, $Q_a^k(0) \neq 0$, $1 \leqslant k < q$, 其中 q 是任意正整数. 则

$$\frac{\left.\dfrac{dQ_t^q(0)}{dt}\right|_{t=a}}{Q_a^{q-1}(a)} = \sum_{n=0}^{q-1} \frac{1}{DQ_a^n(a)} > 0.$$

Milnor 对 Tsujii 的方法作了如下解释. 设 $\mathcal{Q}(\mathbb{C})$ 表示 $\mathbb{C}$ 上的仅在 $\{Q_a^k(0)\}_{k=0}^{q-1}$ 上可能有一阶极点的亚纯二次微分 $q(z)dz^2$ 全体, 即 $q(z)$ 是 $\mathbb{C}$ 上的仅在 $\{Q_a^k(0)\}_{k=0}^{q-1}$ 上可能有一阶极点的亚纯函数. 定义

$$T(q(z)dz^2) = \sum_{w \in Q_a^{-1}(z)} \frac{q(w)}{(Q_a)'(w)^2} dz^2.$$

这个算子在 Thurston 的关于平面分歧覆盖的有理函数实现定理出现过, 是 Q_a 自然诱导的某个 Teichmüller 空间上算子的余切映射. 算子 T 具有如下压缩性质：对任意 $V \subset \mathbb{C}$,

$$\int_{Q_a-1(V)} |T(q(z))dz^2| \leqslant \int_V |q(z)|dz^2.$$

取 V 为以原点为中心半径充分大的圆盘, 则 $Q_a^{-1}(V)$ 紧包含于 V. 由此可以证明 T 是严格压缩算子. Tsujii 注意到

$$\frac{\left.\dfrac{dQ_t^q(0)}{dt}\right|_{t=a}}{Q_a^{q-1}(a)} = \sum_{n=0}^{q-1} \frac{1}{DQ_a^n(a)} = \det(I - T),$$

从而定理得证.

最近, Levin-沈-van Strien[16] 采用了与 Tsujii 所考虑的算子“对偶”的方法, 给出了定理 7.3.3 的“初等”证明, 并把这个定理部分地推广到了 $Q_a(x) = a - |x|^\ell$ 的形式.

7.4 Feigenbaum 重整化及其推广

1978 年, Feigenbaum 和 Coullet-Tresser 在研究单参数单峰映射族 $f_\lambda(x)$(如 $f_\lambda(x)=\lambda x(1-x)$ 或 $f_\lambda(x)=\lambda\sin(\pi x)$) 中的倍周期分支现象时发现了如下的令人惊讶的现象：如果用 λ_n 表示发生倍周期分支的参数, 则

$$\frac{\lambda_{n+2}-\lambda_{n+1}}{\lambda_{n+1}-\lambda_n}$$

趋于一个与所考虑映射族无关的万有常数. 他们还发现了极限参数 $\lambda_\infty=\lim_n\lambda_n$ 的相空间中的万有比例现象. 为解释这个现象, 他们引入了作用在单峰映射空间上的一种非线性算子——倍周期算子, 并猜测这个算子有唯一的双曲不动点, 且具有唯一的不稳定方向.

1982 年, Lanford 给出了这个猜想的计算机辅助证明. 稍后, Sullivan[27] 开始试图给这个猜想一个“概念性证明”(conceptual proof). Sullivan 以及此后 McMullen、Lyubich 等的工作最终成功地给出了这个猜想的证明. 他们的工作对近代区间映射迭代理论的发展产生了极其重要的影响.

设 $\mathcal{U}$ 是满足如下条件的 (单峰) C^3 映射 $f:[-1,1]\to[-1,1]$ 全体构成的集合：

$$f(-x)=f(x),\quad f(-1)=-1,\quad f'(x)>0\quad \text{对 } x\in[-1,0) \text{ 成立}, f''(0)<0.$$

称 f 可 (倍周期) 重整如果存在闭区间 $J\ni 0$, $f(J)$ 和 J 的内部不交, 且

$$f^2(J)\subset J,\quad f^2(\partial J)\subset\partial J.$$

用 a_f 记 J 的左端点, 则 $\mathcal{R}f(x)=\dfrac{1}{a_f}f^2(a_fx)\in\mathcal{U}$. 以此方式, 我们得到重整化映射：$\mathcal{R}:\mathcal{U}_0\to\mathcal{U}$, 其中 $\mathcal{U}_0$ 是 $\mathcal{U}$ 的子集.

Sullivan 首先利用 Koebe 偏差原理的实形式证明了如下的“万有实界”：如果 $f\in\mathcal{U}$ 无穷次可重整, 即 $\mathcal{R}^kf$ 对所有的 k 都有定义, 那么当 k 充分大时, $\mathcal{R}^kf$ 落在一个与 f 无关的紧集中. 这个结果已经部分地解释了 Feigenbaum-Coullet-Tresser 发现的万有现象. 此后, Martens 等的工作表明, 这个“万有实界”对所有的区间映射成立, 参见 [29].

Sullivan 进一步看到：$\{\mathcal{R}^kf\}_{k=0}^\infty$ 的任意极限点 g 必然是实解析的, 而且可以扩充成 Douady-Hubbard 意义下的类多项式映射 $G:U\to V$, 其中 U,V 是包含 $[-1,1]$ 的单连通域, 且 $\overline{U}\subset V$. 这个发现也已被推广到所有的区间映射, 见 [5].

为证明 g 是 $\mathcal{R}$ 的不动点, Sullivan 发展了黎曼面分层 (Riemann surface lamination) 的理论. 最后这一步非常复杂, 但可以被后来 McMullen 发展的塔刚性 (tower rigidity) 理论[18] 替代. Lyubich 把 $\mathcal{R}$ 作用在适当的复空间上证明了 $\mathcal{R}$ 在不动点处的双曲性.

Feigenbaum-Coullet-Tresser 的倍周期重整猜想被推广到了一般周期. 对这个一般猜想的证明构成了 Lyubich 的著名二分定理的主要部分之一. Avila 等[3] 将这个定理推广到了实解析单峰区间族.

定理 7.4.1 (Lyubich[14])　对几乎所有的 $c \in [-1/4, 2]$, $Q_c(x) = c - x^2$ 或者满足公理 A (定义见 7.5 节) 或者有绝对连续不变测度.

Lyubich-Milnor[15] 将 Feigenbaum 重整化的思想进一步发扬光大. Lyubich 指出：所谓重整, 指的是取相空间的子集, 考虑到这个子集的首次回归映射, 再适当正规化. 特别地, Lyubich-Milnor 提出并深入研究了 Fibonacci 重整. 重整化的思想在动力系统的其他分支中也有重要应用, 见 [1].

最近, Smania[24] 在 Feigenbaum 重整化在多峰映射空间上的推广中取得了突破性进展. 值得指出的是, Feigenbaum-Coullet-Tressor 的倍周期重整算子在形如 $x \mapsto |x|^\ell + c$ 的单峰映射空间中也可以定义. Martens 证明了这个情形下的不动点的存在性, 但是不动点的唯一性和双曲性仍然是公开问题.

7.5　公理 A 系统的稠密性

20 世纪 60 年代, Smale[25] 在微分动力系统的研究中凝练出公理 A(双曲性) 的概念. 考虑光滑映射 $f: M \to M$, 其中 M 是紧黎曼流形. 我们称 $x \in M$ 是双曲的, 如果对任意非零切向量 $v \in T_xM$,

$$\liminf_{n\to\infty} \frac{1}{n} \log \|Df_x^n(v)\| > 0$$

和

$$\limsup_{n\to\infty} \frac{1}{n} \log \|Df_x^n(v)\| < 0$$

中有一个成立. 当 x 是 f 的不动点时, x 是双曲的当且仅当切映射 Df_x 的所有特征值都落在单位圆周之外. 若 K 是 f 不变的紧集, 并且 K 中所有点都是双曲的, 我们称 K 是双曲集. 称映射 f 满足公理 A, 如果周期点集的闭包 Ω 是双曲集, 并且 $M \setminus \Omega$ 中的点都是游荡的, 即对任意 $x \in M \setminus \Omega$, 存在邻域 U 使得 $f^n(U) \cap U = \varnothing$, $n = 1, 2, \cdots$.

Smale 曾期望绝大多数动力系统都满足公理 A. 对相空间大于一维的映射, 这很快被包括 Smale 本人在内的数学家的一系列工作从不同的角度否定. 但是, 对于一维映射, 人们仍然期待双曲系统构成稠密开集. 不难验证, 双曲性在扰动之下保持. 所以这个问题的关键是双曲系统的稠密性. Smale[26] 将 (复和实) 一维动力系统中双曲性的稠密性列为 21 世纪最重要的 18 个数学问题之一. 其中实一维的情形已经得到肯定解决.

定理 7.5.1 (Kozloski-沈-van Strien[11]) 对任意 $k=1,2,\cdots$, 任意 C^k 映射 $f:[0,1]\to[0,1]$, 存在一列双曲的 C^k 映射 $g_n:[0,1]\to[0,1]$, $n=1,2,\cdots$, 使得当 $n\to\infty$ 时, g_n 在 C^k 拓扑下收敛到 f, 即

$$\lim_{n\to\infty}\max_{j=0}^{k}\max_{x\in[0,1]}|D^jg_n(x)-D^jf(x)|=0.$$

公理 A 性质与系统的稳定性密切相关, 这也是公理 A 系统稠密性问题受到关注的原因之一. 我们称 C^k 映射 $f:[0,1]\to[0,1]$ 是 C^k 结构稳定的, 如果存在 $\varepsilon>0$, 使得只要 $\|g-f\|_{C^k}<\varepsilon$, 则 g 和 f 拓扑共轭. 这个定义当然可以推广到高维以及连续时间动力系统.

结构稳定性猜想 对任意 $k=1,2,\cdots$, C^k 结构稳定的动力系统满足公理 A.

对高于一维的映射或流, 这个猜想在 $k=1$ 时被 Mañé、廖山涛、Hayashi、文兰等证实, 但对于 $k>1$ 是长期悬而未决的公开问题. 定理 7.5.1 有如下推论.

推论 7.5.1 对任意 $k=1,2,\cdots$, C^k 结构稳定的区间映射必满足公理 A.

复动力系统理论在定理 7.5.1 的证明中起到了不可替代的作用. 事实上, 这个定理首先在 f 是临界点都是实数的实系数多项式情形下获得证明, 此时, g_n 可以取成和 f 次数相同的实系数多项式.

定理 7.5.2 (Kozlovski-沈-van Strien[10]) 设 $f:[0,1]\to[0,1]$ 是次数大于 1 的实系数多项式, 临界点都是实数 (即 f' 的零点都是实数). 那么存在和 f 次数相同的实系数多项式 g_n 使得 $g_n:[0,1]\to[0,1]$ 满足公理 A, 且 g_n 的各项系数收敛到 f 的相应项的系数.

而定理 7.5.2 的证明则需要用到以下的刚性定理, 是定理 7.3.2 的推广形式.

定理 7.5.3 (Kozlovski-沈-van Strien[10]) 设 f,g 是两个实系数多项式, 临界点都是实数、非退化, 没有中性周期点. 如果 f 和 g 在实轴上拓扑共轭, 那么它们在复平面上拟共形共轭.

1997 年, Lyubich[13] 和 Graczyk-Swiatek[7] 独立证明了定理 7.5.2 的二次多项式情形. 高次实多项式情形与二次相比, 除了组合更复杂之外, 有一个非常重要的几何性质上的区别. 这在证明过程中用到的 Yoccoz 的拼图理论中表现得很明显: 对不可重整的二次多项式, Yoccoz 定义了一列圆环 A_n, 并证明了

$$\sum_n \mod(A_n)=\infty;$$

Yoccoz 的组合构造可以平行地推广到 $z \mapsto z^d + c$ 的形式, 但此时可能发生如下现象

$$\sum_n \mod(A_n) < \infty.$$

这一显著差异构成了很多结论由二次推广到高次情形的主要障碍, 同时也产生了新的动力系统现象. 例如, 在实二次多项式情形, 任何吸引子的吸引域必同时是 Baire 第二纲集和 Lebesgue 正测集[15,23], 而在 d 充分大时, 则产生吸引域为 Lebesgue 正测的 Baire 第一纲集的吸引子[4].

为证明定理 7.5.3, 我们引入了一种新颖的组合构造 (enhanced nest). 这些嵌套中的拼图片具有一致的形状, 在二次多项式情形, 它们的形状甚至指数快地接近于圆盘. 从而, 我们可以利用 Heinonen-Koskela 关于平面拟共形映射的结果[8] (变形形式) 来完成定理 7.5.3 的证明.

定理 7.5.3 ⇒ 定理 7.5.2 主要利用 Sullivan 的思想. 这在二次情形最容易解释. 考虑 $f(z) = f_c(z) = z^2 + c$. 如果 f 有双曲吸引周期轨, 那么 f 是双曲的. 如果 f 有中性周期轨, 那么容易构造双曲的二次多项式序列收敛于 f. 假设 f 的所有周期轨双曲斥性. 考虑

$$A = \{c' \in \mathbb{R} : Q^j_{c'}(0)Q^j_c(0) > 0, j = 1, 2, \cdots\}.$$

那么 A 是连通闭集. 另一方面, 对任意 $c' \in A$, 可以证明 $Q_{c'}$ 和 Q_c 在 $\mathbb{R}$ 上拓扑共轭, 从而由定理 7.5.3, $Q_{c'}$ 与 Q_c 在 $\mathbb{C}$ 上拟共形共轭. 由 Ahlfors-Bers 的可测黎曼映射定理 (Measurable Riemann Mapping Theorem), 集合 A 只能是单点或开集. 因此, A 是单点集. 于是, 对任意 $\varepsilon > 0$ 都存在 $c' \in [c, c+\varepsilon] \setminus A$. 由连续函数的介值定理知, 在区间 $[c, c']$ 上必然有 c'' 使得 $Q^j_{c''}(0) = 0$ 对某个正整数 j 成立. $Q_{c''}$ 满足公理 A.

从定理 7.5.3 到定理 7.5.1 这里的主要几个要点是: ① 根据 Weierstrass 逼近定理, 我们可以假设 f 是 (非常值) 实解析映射. ② 每个实解析区间映射的主要部分都可以扩充成 Douady-Hubbard 的类多项式或 Lyubich-Milnor 的推广形式. 类多项式映射是复平面开集之间的全纯分歧覆盖, 拟共形等价于多项式. 具体细节比较复杂, 这里不再赘述. 参见 [11].

Kozlovski[9] 给出了如何从二次多项式情形的刚性定理得出定理 7.5.3 的单峰情形. Peng 等[21] 给出了新证明.

复多项式 (或有理函数) 的刚性问题是复动力系统中的重要公开问题. 与实系数多项式相比, 复多项式的临界点的轨道有更多的自由度, 对其回复性的研究有更大困难. Yoccoz 证明了两个组合等价的非无穷可重整的二次多项式必共形等

价. 利用 Kahn-Lyubich 的“覆盖定理”, 这个结果在 [2] 中被推广到了单临界点多项式, 在 [12,22] 中被进一步推广到高次非无穷次可重整的多项式.

7.6 公开问题

对于大于 1 的整数 d, 以 $\mathcal{P}_d$ 表示所有满足如下条件的 d 次实系数多项式全体的集合: $f([0,1]) \subset [0,1]$, f' 在 $(0,1)$ 上恰有 $d-1$ 个零点. 这个集合可以用 f 的系数参数化, 此时, 参数空间同胚于单形.

问题一 对于 $d \geqslant 3$, 证明几乎所有的 $f \in \mathcal{P}_d$ 都是 (一致或非一致) 双曲的, 即对于勒贝格意义下几乎所有的 x,

$$\limsup_n \frac{1}{n}\log|(f^n)'(x)| < 0 \quad 或 \quad \liminf_n \frac{1}{n}\log|(f^n)'(x)| > 0.$$

当 $d=2$ 时, $\mathcal{P}_2 = \{x \mapsto \lambda x(1-x) : 0 < \lambda < 4\}$, 因此 Lyubich 的二分定理 (定理 7.4.1) 肯定解决了这个问题. Lyubich 的证明中除了用到 7.4 节提到的 Feigenbaum-Coullet-Tresser 猜想的推广形式外, 还用到了如下的全纯运动理论.

设 $E \subset \mathbb{C}$, Ω 是复流形, $\lambda_0 \in \Omega$. 映射 $H: \Omega \times E \to \mathbb{C}$ 称为 E 的全纯运动, 如果对任意 $\lambda \in \Omega$, $z \mapsto H(\lambda, z)$ 是单射; 对任意 $z \in E$, $H(\lambda_0, z) = z$, $\lambda \mapsto H(\lambda, z)$ 是全纯函数. 全纯运动的概念由 Mañé-Sad-Sullivan 在研究复动力系统稳定性问题时提出, 在参数空间是复一维流形时, 是将相空间中的估计转换成到参数空间中估计的重要工具. 遗憾的是, 当 $d \geqslant 3$ 时, 涉及的参数空间的维数为 $d-1>1$. 这是解决问题一的本质障碍.

问题二 发展复分析工具研究形如 $x \mapsto a - |x|^\ell$ 的区间映射的动力系统性质, 其中 $\ell > 1$ 不是偶整数.

当 ℓ 是偶整数时, 实轴上的映射 $x \mapsto a - |x|^\ell$ 自然地可以延拓成 $\mathbb{C}$ 上的全纯函数. 当 $\ell > 1$ 不是偶整数时, 这个映射在临界点 0 的任意一个邻域内都没有全纯延拓. 在 7.3 节和 7.4 节中考虑的问题如何处理?

参考文献

[1] Avila A. Dynamics of renormalization operators. Proceedings of the International Congress of Mathematicians. Volume I, 2010: 154-175.

[2] Avila A, Kahn J, Lyubich M, Shen W. Combinatorial rigidity for unicritical polynomials. Ann. of Math., 2009, 170: 783-797.

[3] Avila A, Lyubich M, de Melo W. Regular or stochastic dynamics in real analytic families of unimodal maps. Invent. Math., 2003, 154: 451-550.

[4] Bruin H, Keller G, Nowicki T, van Strien S. Wild Cantor attractors exist. Ann. Math., 1996, 143(2): 97-130.

[5] Clark T, van Strien S, Trejo S. Complex bounds for real maps. Comm. Math. Phys., 2017, 355: 1001-1119.

[6] De Melo W, van Strien S. One-dimensional Dynamics. Berlin: Springer-Verlag: 1993.

[7] Graczyk G, Swiatek G. Generic hyperbolicity in the logistic family. Ann. of Math., 1997, 146(2): 1-52.

[8] Heinonen J, Koskela P. Definitions of quasiconformality. Invent. Math., 1995, 120(1): 61-79.

[9] Kozlovski O. Axiom A maps are dense in the space of unimodal maps in the C_k topology. Ann. Math., 2003, 157(2): 1-43.

[10] Kozlovski S, Shen W, van Strien S. Rigidity for real polynomials. Ann. Math., 2007, 165(2): 749-841.

[11] Kozlovski S, Shen W, van Strien S. Density of hyperbolicity in dimension one. Ann. Math., 2007, 166(2): 145-182.

[12] Kozlovski O, van Strien S. Local connectivity and quasi-conformal rigidity of non-renormalizable polynomials. Proc. London Math. Soc., 2009, 99: 275-296.

[13] Lyubich M. Dynamics of quadratic polynomials. I, II. Acta Math., 1997, 178(2): 185-297.

[14] Lyubich M. Almost every real quadratic map is either regular or stochastic. Ann. Math., 2002, 156(2): 1-78.

[15] Lyubich M, Milnor J. The Fibonacci unimodal map. J. Amer. Math. Soc., 1993, 6: 425-457.

[16] Levin G, Shen W, van Strien S. Positive transversality via transfer operators and holomorphic motions with applications to monotonicity for interval maps. Nonlinearity, 2020, 33: 3970-4012.

[17] Li S, Shen W. An improved real C_k Koebe principle. Ergodic Theory Dynam. Systems, 2010, 30(5): 1485-1494.

[18] McMullen C. Renormalization and 3-manifolds which fiber over the circle. Annals of Mathematics Studies, 142. Princeton: Princeton University Press, 1996.

[19] Martens M. The periodic points of renormalization. Ann. Math., 1998, 147(2): 543-584.

[20] Milnor J, Thurston W. On iterated maps of the interval. Dynamical systems (College Park, MD, 1986-1987): 465-563. Lecture Notes in Math. 1342. Berlin, New York: Springer, 1988.

[21] Peng W, Yin Y, Zhai Y. Density of hyperbolicity for rational maps with Cantor Julia sets. Ergodic Theory Dynam. Systems, 2012, 32: 1711-1726.

[22] Qiu W, Yin Y. Proof of the Branner-Hubbard conjecture on Cantor Julia sets. Sci. China Ser. A, 2009, 52: 45-65.

[23] Shen W. Decay of geometry for unimodal maps: an elementary proof. Ann. Math., 2006, 163(2): 383-404.

[24] Smania D. Solenoidal attractors with bounded combinatorics are shy. Ann. Math., 2020, 191(2): 1-79.

[25] Smale S. Differentiable dynamical systems. Bull. Amer. Math. Soc., 1967, 73: 747-817.

[26] Smale S. Mathematical problems for the next century. Math. Intelligencer, 1998, 20: 7-15.

[27] Sullivan D. Bounds, quadratic differentials, and renormalization conjectures. Am. Math. Soc. Centen. Publ., vol. II (Providence, RI, 1988): 417-466. Providence, RI: Amer. Math. Soc., 1992.

[28] Tsujii M. A simple proof for monotonicity of entropy in the quadratic family. Ergodic Theory and Dynamical Systems, 2000, 20: 925-933.

[29] Vargas E, van Strien S. Real bounds, ergodicity and negative Schwarzian for multimodal maps. J. Amer. Math. Soc., 2004, 17: 749-782. Erratum, 2007, 20: 267-268.

数学与现代文明

马志明[①]

本文的主题是数学与现代文明，主要讲数学的重要性. 我会告诉大家我对数学的一些看法，然后举一些例子来说明数学与我们的现代文明有很密切的联系.

8.1 数学不同于其他学科

首先我想讲数学跟其他学科是不一样的. 数学不仅是一门独立的学科，而且还为其他科学、技术和工程的发展提供语言、观念、方法和工具. 中国有一句话叫“数理化天地生”. 我上学时经常听说，“学好数理化，走遍天下都不怕”. 其实这些话有一点不对，数学应该比“理化天地生”还要高一等. 因为其他学科都要用到数学，所以不应该把数学和理化天地生放在同等的地位. 比如，在大学里面数学是公共课，但没有把理化天地生拿来做公共课的. 所以数学在社会上的地位、在科学研究当中的地位，我们应该充分地强调.

数学这门学科发展的动力也和其他学科不一样. 推动数学发展的动力是多方面的：有实际需求，有科学研究，有好奇心和纯思维的逻辑思考，还有对美的追求. 正如数学家莫里斯·克莱因 (Morris Kline) 在《西方文化中的数学》[②]中所说：“实用的、科学的、美学的和哲学的因素，共同促进了数学的形成.”当然所有这些推动数学发展的动力都离不开社会对数学的需求，因此克莱因在上面那句话的后面又说：“另一方面，数学家们登上纯思维的顶峰，不是靠他们自己一步步攀登，而是借助于社会力量的推动，如果这些力量不能为数学家们注入活力，他们就立刻会身疲力竭，然后他们就仅仅只能维持这门学科处于孤立的境地，虽然在短时间内还有可能光芒四射，但所有这些成就会是昙花一现.”[③]

---

① 中国科学院数学与系统科学研究院.

② 莫里斯·克莱因. 西方文化中的数学. 张祖贵译. 北京：商务印书馆.

③ 上面的译文取自张祖贵的译本，克莱因的原文如下：On the other hand, mathematicians reach their pinnacles of pure thought not by lifting themselves by their bootstraps but by the power of social forces. Were these forces not permitted to revitalize mathematicians, they would soon exhaust themselves; thereafter they could merely sustain their subject in an isolation which might be splendid for a short time but which would soon spell intellectual collapse.

莫里斯・克莱因 (1908—1982)

8.2 数学与时代特征密切相关

一个时代总的特征在很大程度上与这个时代的数学活动密切相关. 什么是我们这个时代的特征? 年轻人首先想到的是网络、手机、多媒体、DNA 等等 (图 8.1).

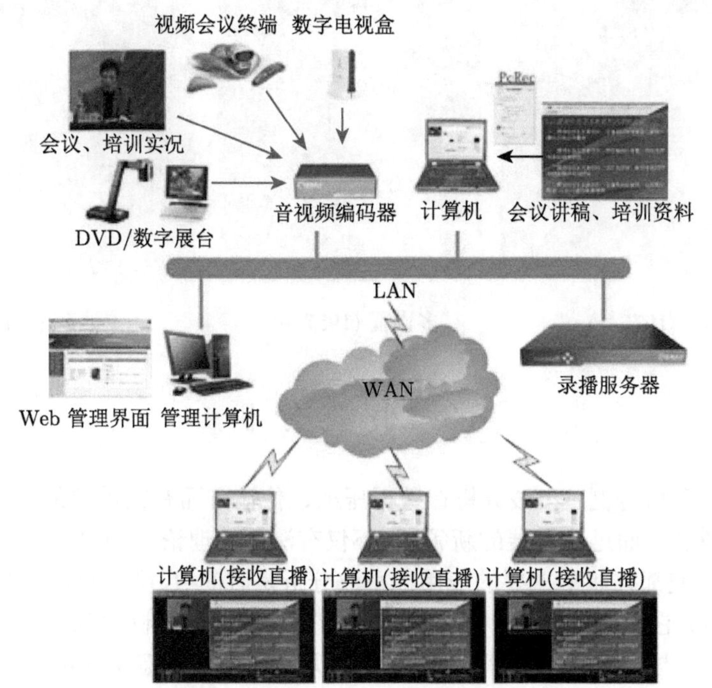

图 8.1 当今时代的特征: 网络、手机、多媒体、DNA…… (图片取自网络)

我要告诉你们, 所有这些都离不开数学. 离开了数学, 就没有现代文明, 就没有这些多媒体, 没有网络, 没有手机. DNA 的发现和研究, 也使得现代生命科学与数学密切相关. 人们常常说, 数学不是万能的, 但是离开数学是万万不能的. 以手机和多媒体传输为例, 我们现在可以随时与美国的朋友通电话, 一幅图片可以几乎同步地从美国传到中国来. 这些声音和图片都是转化为 0 和 1 这样的信号来处理和传输, 其数据存储量以 bit 为单位来计算, 一个 bit 就是一个 0 或一个 1. 一个 640 像素 $\times$480 像素中等解析度的彩色图片, 数据存储量为 737 万 bit, 高质量地存储一个人说话 1 秒的数据要 141 万 bit, 1 秒的电视图像要 9920 万 bit. 这么大的数据要存储和处理, 还要传输, 传到远处去, 所有这些都离不开数学, 要用到很多不同分支的数学. 比如小波分析、图论与图算法、随机分析、统计与机器学习、数值分析、微分方程、压缩感知、矩阵完备化 (matrix completion) 等.

最近这几年, 压缩感知和矩阵完备化在应用数学领域和信息领域发展得特别迅速, 得益于陶哲轩、多霍诺 (David L. Donodo)、卡迪斯 (Emmanuel Candes) 等这些一流数学家的突出贡献. 陶哲轩大家都知道, 他是一位获得 Fields 奖的华裔数学家, 在纯数学和应用数学的多个领域都做得非常好.

陶哲轩 (1975—)

多诺霍 (1957—)

卡迪斯 (1970—)

8.3 小波分析

以小波分析为例. 小波分析在数据压缩、传输方面有很重要的作用. 小波分析是当前数学里面迅速发展的新领域, 不仅有深刻的理论, 而且应用十分广泛, 在很多不同领域都有非常重要的应用. 小波分析是时间–尺度分析和多分辨分析的一种新技术, 它在信号分析、语音合成、图像识别、计算机视觉、数据压缩、地震勘探、大气与海洋波分析等方面的研究都取得了有科学意义和应用价值的成果. 关于小波分析的发展历史, 最早是从傅里叶分析里面出来的, 1910 年 Haar 最先提出简单的小波, 经过一段时间的发展后, 1985 年, 梅耶 (Yves Meyer) 和稍后的多贝西 (Ingrid Daubechies) 提出了正交小波基, 形成小波研究的高潮. 后来多贝西写了《小波十讲》, 在国内有中文本, 非常受欢迎. 多贝西是第 16 届国际数学联盟 (2011—2014) 的主席. 举这个例子是非常有趣的, 为什么呢? 多贝西本人是学物理出身, 她大学本科是物理, 博士学位是物理, 而且还当了几年的物理老师, 但是现在数学家把她选为国际数学联盟的主席. 可见数学发展到了今天已经不拘于传统的界限, 纯数学和应用数学也没有明确的界限. 我在一些公众报告和其他场合经常讲, 要严格地区分纯数学和应用数学是很难的, 实际上纯粹数学和应用数学越来越融合, 而且基础数学的内涵也在发展变化, 不仅基础数学的内涵在发展, 现在基础数学的一些内容跟理论物理也有融合.

梅耶 (1939—)

多贝西 (1954—)

8.4 电磁波与物理

刚才说到信息的存储和处理, 现在来说信息的传播. 信息怎么能从中国的深圳到了美国的华盛顿去, 能够传这么远? 这里最基本的传播媒介就是电磁波. 发现电磁波的故事非常有趣, 这里面也有数学的功劳. 杨振宁先生在多篇文章或讲演中对此事有很好的记述, 这里我与大家分享一下杨振宁讲述的故事. 关于物理中的数学公式, 我们在中学就学过库仑定律、高斯定律, 这是物理里面最基本的一些定律. 比如说库仑定律就是两个电荷之间的排斥力或吸引力与它们的电量成正比, 与距离平方成反比; 高斯定律描述两个磁体之间的排斥力或吸引力, 也是和磁量成正比, 与距离平方成反比; 还有安培定律描述从电到磁的转换; 法拉第定律描述从磁到电的转换. 所有这些可以归结为后来被称为麦克斯韦方程的方程组:

$$\left.\begin{aligned}&p'=p+\frac{df}{dt}\\&q'=q+\frac{dg}{dt}\\&r'=r+\frac{dh}{dt}\\&\frac{d\gamma}{dy}-\frac{d\beta}{dz}=4\pi p'\\&\frac{d\alpha}{dz}-\frac{d\gamma}{dx}=4\pi q'\\&\frac{d\beta}{dx}-\frac{d\alpha}{dy}=4\pi r'\end{aligned}\right\}\nabla\times H=\frac{4\pi}{c}j+\frac{1}{c}\frac{\partial E}{\partial t},$$

$$\left.\begin{aligned}&\mu\alpha=\frac{dH}{dy}-\frac{dG}{dz}\\&\mu\beta=\frac{dF}{dz}-\frac{dH}{dx}\\&\mu\gamma=\frac{dG}{dx}-\frac{dF}{dy}\end{aligned}\right\}\begin{gathered}H=\nabla\times A\\ \text{或}\\ \nabla\cdot H=0,\end{gathered}$$

$$\left.\begin{aligned}&P=\mu\left(\gamma\frac{dy}{dt}-\beta\frac{dz}{dt}\right)-\frac{dF}{dt}-\frac{d\psi}{dx}\\&Q=\mu\left(\alpha\frac{dz}{dt}-\gamma\frac{dx}{dt}\right)-\frac{dG}{dt}-\frac{d\psi}{dy}\\&R=\mu\left(\beta\frac{dx}{dt}-\alpha\frac{dy}{dt}\right)-\frac{dH}{dt}-\frac{d\psi}{dz}\end{aligned}\right\}\begin{gathered}E=-\frac{1}{c}\frac{\partial A}{\partial t}-\nabla\phi,\\ \nabla\times E=-\frac{1}{c}\frac{\partial H}{\partial t},\\ \nabla\cdot E=4\pi\rho,\end{gathered}$$

$$e+\frac{df}{dx}+\frac{dg}{dy}+\frac{dh}{dz}=0.$$

左面这一组偏微分方程看起来很复杂. 其实我们在大学学过场论和向量后, 可以把左面的方程组用简洁的向量方式表达出来. 左面那一组非常复杂的麦克斯韦方程, 用向量可以表示为如下简洁的 4 个方程式:

$$\begin{aligned}&\nabla\cdot E=4\pi\rho &&\text{库仑定律;}\\&\nabla\cdot H=0 &&\text{高斯定律;}\\&\nabla\times H=4\pi j+\dot{E} &&\text{安培定律;}\\&\nabla\times E=-H &&\text{法拉第定律.}\end{aligned}$$

这就是数学的魅力. 这是麦克斯韦的功劳, 而他最大的功劳是在把刚才这些物理定律写成统一的数学公式后, 发现这一组公式稍微有点不兼容, 就自作主张地在

这里加了一项 $\dot{E}$, 这是电场强度, 电场对时间的导数. 加了这一项之后发现这四个公式变得兼容了, 而且也不违反原来的物理定律, 对物理的直观没有伤害. 加了之后, 奇迹出现了, 加了这一项之后他发现电和磁会产生电磁波, 他从这组公式里算出了电磁波的速度, 发现电磁波传播的速度跟当时刚刚发现的光的传播速度是一样的, 每秒将近 30 万公里, 因此他提出电磁波和光是一回事, 光就是电磁波. 这一发现使得物理学中关于电、磁、光之间的关系整个改观了. 我们今天关于电学、磁学和光学的了解和应用, 现代文明的无线传播、电视、手机等等, 都是后来的物理学家、发明家和工程技术专家根据麦克斯韦公式渐渐发展出来的. 电磁波的发现对于我们的现代文明有重大影响, 在这方面数学功不可没.

麦克斯韦 (1831—1879)

还可以举出许多例子来说明现代数学的一些分支与当代物理有深刻联系, 比如非欧几何和引力场、希尔伯特空间和量子力学、纤维丛和规范场. 大家熟悉的两位华人大师, 一位物理大师杨振宁, 另一位数学大师陈省身. 杨振宁是规范场理论的专家, 陈省身是纤维丛理论专家. 杨振宁曾经对陈省身讲, 他对规范场恰好就是纤维丛上的联络感到震惊, 而数学家发展纤维丛并没有考虑物理世界. 他还说: “这令人又激动又迷惑, 因为不知道你们数学家从什么地方想象出这些概念来.” 陈省身立刻抗议: “不, 不! 这些概念并不是想象出来的, 它们是自然和实在的.”

8.5 搜索引擎与网络排序

网络也是我们现代文明的一个特征. 请大家看这个网页, 这是我在 Google 中搜索“中国科学院”出现的页面 (图 8.2). 页面上标记有 874 万条结果, 用时 0.15

秒. 计算机很聪明, 并没有把 874 万条结果不排序地全部列出, 而是把最重要、最相关的结果排在前面.

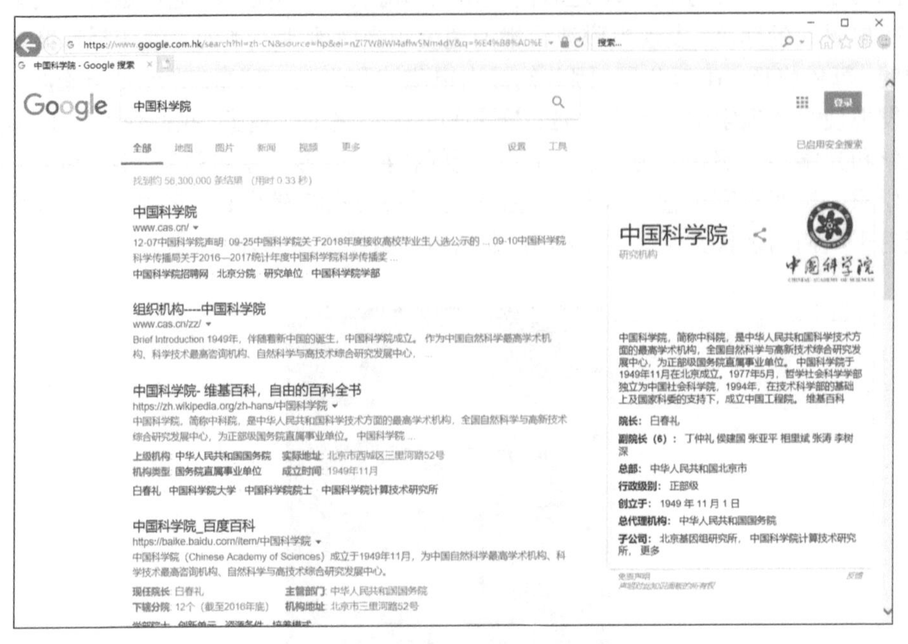

图 8.2 网络上搜索“中国科学院”的结果

计算机怎么会识别哪些结果比较重要, 哪些结果比较不重要呢? 它能读懂这些页面的内容, 然后根据内容来确定页面的重要性吗? 显然不可能, 现在的计算机还没有发展到那么先进. 实际上很多搜索引擎公司做的一件主要的事, 就是网页的排序. 网页排序包括重要性排序和相关性排序, 都要用到概率统计. 相关性排序我今天可能没时间讲, 我就讲讲网页的重要性排序, 下面我用概率论和马氏过程理论来说明网页重要性排序的原理.

图 8.3 的右边是我们的互联网, 当然里面有上万上亿个网页, 为了能够说明清楚, 这里就假定我们有 6 个网页. 假如你现在浏览页面 1, 页面 1 有两个超链接, 一个指向 2, 一个指向 3, 下一步你很可能点一个超链接就到页面 2, 或另一个超链接到页面 3, 也就是说从页面 1 出发, 可能有 $\frac{1}{2}$ 的概率到页面 2, $\frac{1}{2}$ 的概率到页面 3. 同样的道理假如从页面 3 出发, 页面 3 有三个超链接, 所以在浏览页面 3 的时候, 可能有 $\frac{1}{3}$ 的概率到页面 1, $\frac{1}{3}$ 的概率到页面 2, $\frac{1}{3}$ 的概率到页面 5, 以此类推. 如果你现在浏览的页面没有向外的超链接, 比如页面 2, 那么在浏览页面 2 时, 下一步也许有相同的概率到任何一个其他页面. 当然我这样描述的上网动作

并不全面, 因为你也可能不顺着超链接到下一个页面, 而是通过输入一个关键词或者是一个网址进入下一个页面. 假定有概率 α 顺着超链接到另一个页面, 同时有 $1-\alpha$ 的概率通过输入一个网址或是关键词去到另一个页面, 这两个动作综合起来就是我们上网冲浪的动作. 这是两种随机游动组合成的一个随机游动, 连续上网冲浪的动作构成一个马氏链, 它的转移概率由我们刚才描述的两个上网动作来确定. 在上面的例子中, 如果取 $\alpha=0.85$, 那么马氏链的转移概率矩阵是

$$
\begin{aligned}
&P(0.85)\\
&=\begin{bmatrix}
\frac{0.15}{6} & \frac{0.85}{2}+\frac{0.15}{6} & \frac{0.85}{2}+\frac{0.15}{6} & \frac{0.15}{6} & \frac{0.15}{6} & \frac{0.15}{6}\\
\frac{0.85}{6}+\frac{0.15}{6} & \frac{0.85}{6}+\frac{0.15}{6} & \frac{0.85}{6}+\frac{0.15}{6} & \frac{0.85}{6}+\frac{0.15}{6} & \frac{0.85}{6}+\frac{0.15}{6} & \frac{0.85}{6}+\frac{0.15}{6}\\
\frac{0.85}{3}+\frac{0.15}{6} & \frac{0.85}{3}+\frac{0.15}{6} & \frac{0.15}{6} & \frac{0.15}{6} & \frac{0.85}{3}+\frac{0.15}{6} & \frac{0.15}{6}\\
\frac{0.15}{6} & \frac{0.15}{6} & \frac{0.15}{6} & \frac{0.15}{6} & \frac{0.85}{2}+\frac{0.15}{6} & \frac{0.85}{2}+\frac{0.15}{6}\\
\frac{0.15}{6} & \frac{0.15}{6} & \frac{0.15}{6} & \frac{0.85}{2}+\frac{0.15}{6} & \frac{0.15}{6} & \frac{0.85}{2}+\frac{0.15}{6}\\
\frac{0.15}{6} & \frac{0.15}{6} & \frac{0.15}{6} & 0.85+\frac{0.15}{6} & \frac{0.15}{6} & \frac{0.15}{6}
\end{bmatrix},
\end{aligned}
$$

这是一个不可约马氏链, 它有唯一平稳分布. 谷歌把马氏链的平稳分布称作 PageRank, 并以此来为页面重要性排序. 一个页面的 PageRank 值越高, 即平稳分布在一个页面的值越大, 就认为这个页面越重要. 用数学的理论可以严格证明, 平稳分布在一个页面的值正好等于打开这个页面的平均访问率, 所以用这个值来为页面的重要性排序很合理. 不可约马氏链的平稳分布在计算机上运用迭代法容易实现. 但由于互联网的规模很大, 实际计算时也需要很长时间.

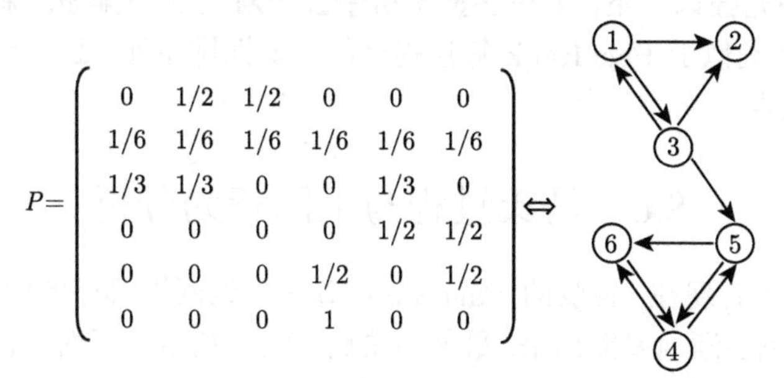

图 8.3 图中，右边表示六个网页之间的链接，左边则为对应的矩阵

这种计算页面重要性的算法出自 1998 年就读于斯坦福大学的博士研究生布林 (Sergey Brin) 与佩奇 (Larry Page), 他们把这个算法称作 PageRank 算法, 并

且编写了一个 PageRank 搜索工具. 他们发现, 网络越大, 链接越多, 这个引擎提供的结果就越准确. 于是, 他们将新引擎命名为 Google, 这是 Googol 的变体, Googol 是一个数字名词, 表示 10 的 100 次方. 布林与佩奇于 1998 年在第七次国际互联网会议 (WWW98) 上公布他们的论文 “The Page Rank citation ranking: Bringing order to the Web” 时, 正在用自己的宿舍作为办公室初创产业, 这一产业后来发展为庞大的 Google 公司, 布林和佩奇现在已跻身世界上最有钱的人之列. PageRank 算法是信息检索领域里一个革命性的发现, 这个在信息检索领域看似很困难的问题, 用马氏链这个巧妙的数学方法就解决了, 数学的用处有时真是不可估量. 在介绍 PageRank 算法时, 还应提到另外一位学者克莱因伯格 (Jon Kleinberg). 1998 年时他是康奈尔大学的助教. 几乎与布林和佩奇同时, Kleinberg 提出了一个与 PageRank 算法类似的 HITS (hypertext induced topic selection) 算法. 克莱因伯格本人并没有涉足企业或商界, 他迄今仍活跃在学术领域中, 他在 2006 年获得国际数学联盟颁发的奈望林纳奖 (Nevanlinna prize).

佩奇 (1973—)

布林 (1973—)

克莱因伯格 (1971—)

我还要补充强调一下, 现在各搜索引擎公司对页面的排序, 除了用到 PageRank 算法, 或类似于 PageRank 算法提供的重要性排序外, 还要考虑相关性排序和诸多其他因素.

8.6　马氏过程与上网行为分析

从 1998 年到现在, 谷歌的 PageRank 算法作为网页排序的优点已经充分显示, 而其缺点也逐渐地暴露出来, 最大的缺点是它只利用了页面结构, 没有考虑网络用户的感情. 其实现在有很多的垃圾页面, 它的 PageRank 可以排得很高. 甚至有些 SPAM 公司, 自己搞个服务器, 让许多页面互相链接, 如果对方给钱, 公司就将你的页面链接上去, 从而恶意提高页面排序. 这个问题, 特别是在前几年, 成为搜索引擎公司非常关注的问题, 怎样能够克服这个缺点, 当时很多搜索引擎公司都在做. 我们跟微软亚洲研究院在这个问题上也有些合作的关系. 当时是这样开始的, 记得大概是 2005 年吧, 我那时候对随机复杂网络感兴趣, 办了一个随机复杂网路的讨论班. 微软亚洲研究院的一位年轻工作人员来找我, “马老师你们在做随机复杂网络的讨论班, 我有些问题想请教你们”. 我借此请他在我们讨论班作报告, 他向我们介绍了 Google 的故事. 以后我们跟微软亚洲研究院开始合作, 我的学生也到微软做实习生, 共同培养人才.

有一次, 一位年轻的研究员和我的学生一起来找我, 把用户上网记录数据拿给我看, 问我由这些数据, 能不能判断出页面的重要性, 或者说能不能挖掘出什么样的信息来. 实际上所有的搜索引擎公司都收集这些信息, 这个信息不包含你的个人信息, 用户使用他们的软件, 要同意一个用户协议, 同意公司收集这个信息. 里面不包含个人信息, 是为了科研用的. 微软把这信息拿来, 我们坐下来开始想这个能做什么用. 当然我们是学概率的, 所以我们就想到这是个随机过程, 它不是确定性的, 当然它也是跳过程, 一跳一跳的. 我们的猜想中比较关键的是, 在这个页面上你下一步到哪个页面去, 或者你在这个页面上停留多少时间, 这些在很大程度上, 只跟页面的内容有关, 而跟你以前访问过哪些页面无关. 因此作为一阶近似, 这个过程很可能是一个马氏过程, 它将来的发展只与现在有关, 跟过去无关. 另一个猜想是, 你上午看这个页面或下午看这个页面, 你的动作可能差不多, 所以还应该是时间齐次的. 所以当时我们就分析, 也许可以把所有人上网的动作, 近似地看作是一个时间齐次的马氏跳过程. 当然, 要判断它是不是时间齐次马氏跳过程, 要用到数学知识, 假如真的是时间齐次马氏过程, 那么用户在一个页面停留的时间, 应该是负指数分布, 这是马氏过程理论的一个基本结果.

我们建议微软把他们的数据拿来检验一下, 于是微软亚洲研究院的相关研究组用真实资料作了大量实验模拟, 由我当时在微软实习的学生刘玉婷设计算法, 发现用户在网页的停留时间基本服从负指数分布. 只是前面有一两秒与负指数分布不符, 这也是正常的. 因为一开始你还没有阅读页面, 计算机打开的时候还要有一段时间, 页面打开也有一段时间, 你的眼睛适应要一点时间, 再者是版面设计很复杂, 所以一开始并不是马氏过程. 一开始是噪声, 真正的过程应该是马氏过程再加上噪声. 这个分析出来之后, 我们相信可以用马氏过程来研究上网动作, 微软亚洲研究院成立了一个小组主攻这个项目, 刘玉婷当时作为微软的实习生也在这个研究小组. 这个研究小组做得非常好, 在微软相关研究员的带领下, 他们克服了种种难关, 每一步都在课题组内反复论证, 深入探讨, 反复模拟实验. 这里面含有许多奇思构想和巧妙的数学. 在研究过程中, 微软亚洲研究院还从产品部门调来大量数据, 做了大规模模拟实验.

2008 年 7 月, 在新加坡召开的第 31 届国际信息检索大会上, 刘玉婷报告了他们的论文《浏览排序：让因特网使用者为页面重要性投票》, 论文获得了会议设立的唯一最佳学生论文奖. 这篇文章, 据说他们修改了八十一次, 在新加坡得奖之后, "Browse Rank" 成了业内的热门话题. 最热的时候, 输入关键词 Browse Rank 有 157000000 个结果. 当时网页的文章, 有的题目是 "Browse Rank vs Page Rank", 有的说"微软推出 Browse Rank 和 Google 的 PageRank 竞争"(Microsoft Lauches Browse Rank to Compete with Page Rank), 还有 "Live search is researching a ranking feature similar to Google's Page Rank called Browse Rank" 等等. 网上还有一个以 "Browse Rank the next PageRank" 为题目的视频介绍微软亚洲的研究人员开发的 Browse Rank 方法. 这是前几年的事, 当然了, 一个新产品的开发还与许多其他因素有关, 现在也没有 Browse Rank 出现, 但是说明当时这个工作在信息检索领域引起了一些关注. 我们与微软到现在还有合作, 现在我还有学生在微软, 不仅有联合培养的实习生, 还有正式的员工 (researcher).

从做科学研究的角度来说, 我们感到高兴的是我们第一个用 Browsing Process 刻画了真实的用户上网行为. 我相信今后人们在研究用户上网行为时, 一定会想到 Browsing Process, 应用并发展 Browsing Process 的理论和实践. 上面说到我们发现用户上网的一阶近似可以用马氏过程来刻画. 后来我们又有进一步发挥, 在这个基础上提出了 Web 马氏骨架过程:

$$X_0 \to X_1 \xrightarrow{Y_1} \cdots \xrightarrow{Y_{n-1}} X_n \xrightarrow{Y_n} \cdots ,$$

$$\{X_n, n \geqslant 0\} \text{ 马氏链},$$

$$\{Y_n, n \geqslant 0\} \text{ 与给定的 } \{X_n\} \text{ 条件独立}.$$

之所以提出 Web 马氏骨架过程, 是因为后来研究手机网的搜索引擎时, 发现它不完全是马氏过程, 最多可以算是 Web 马氏骨架过程, 也就是说它有一个骨架是马氏的, 而它的等待时间不仅依赖当前页面, 还依赖以前的页面. 这是因为手机上面网页的超链接, 跟一般普通网页超级链接的设计不一样.

8.7 数学与现代经济金融

刚才说到信息领域, 现在来说金融经济跟数学的密切关系. 这里有一个最好的例子, 2012 年的诺贝尔经济学奖颁给罗斯 (Alvin Roth) 和沙普利 (Lloye Shapley). 沙普利得了经济学奖, 但他说自己不是学经济的, 一直把自己当作数学家, 从来没上过一堂经济学的课. 当然他之所以得经济学奖, 是因为他做的数学, 经济学家感到很好用, 而且不仅是经济学家, 我们在日常生活中都会觉得很好用. 现在讲一个可以用到日常生活中的例子, 这个例子和我们江苏卫视的《非诚勿扰》节目似乎有点关联. 《非诚勿扰》节目中有两队, 一队男、一队女, 男的向女的表示好感,女的接受或不接受, 然后一次一次做下去. 如果用 Gale-Shapley 算法来编排这个节目, 我们可以假定每个人对所有的异性有一个排序, 这个排序假定是全序的, 就是你不会模棱两可, 肯定是一个比一个好或是一个比一个坏, 然后每一个男生向他们最喜欢的女生表白, 收到表白的女生就可以找一个你最喜欢的人, 表示你同意了, 其他的人你就拒绝, 当然也可以不要, 一个都不要也可以的. 配对不成功的男生继续在没有拒绝过他的女生当中挑出他最喜欢的一个, 你挑出最喜欢的这个女生, 有可能已经配对了, 有可能还没有配对, 如果她已经配对, 她要接受你的话必须拒绝掉前面的那一个朋友, 如果她没有配对当然可以接受你, 这样一轮一轮地做下去, 直到没有新的表白出现. 根据 Gale-Shapley 的理论, 这个过程一定会终止, 并且每个人都会找到自己的理想伴侣, 更重要的是, 如果是用这一个过程来结成良缘, 这个婚姻一定是稳定的, 意思就是一定不会存在两个人虽然不是一对, 但是彼此都觉得对方比现在的伴侣要好的情况, 所以这个婚姻是稳定的①.

沙普利 (1923—2016) (左) 和罗斯 (1951—) (右)

说起来这就是我们日常生活当中的事, 但是数学家可以把它抽象为一个数学定理, 而且从数学上给出证明. 当然沙普利得诺贝尔经济学奖还有很多其他的工作, 他在博弈论里面有很多工作, 包括组成团队怎么样才有权力能够决定事情等等, 沙普利的工作提供了数学现在已经渗透到经济金融, 而且渗透到我们日常生活当中的生动例子.

谈到数学与经济金融的关系, 必不可少地要谈 Black-Scholes 的资产定价公式, 这里面用到最重要的数学就是伊藤公式 (Itô Lemma). 我们将在 8.8 节介绍有关 Itô 公式的一些故事.

8.8 数学与现代生命科学

在现代生命科学中, DNA 结构的发现无疑是划时代的成就. DNA 是由两条

① 关于这一问题更详细的介绍可参阅《数学文化》, 2012 年第 3 卷第 4 期.

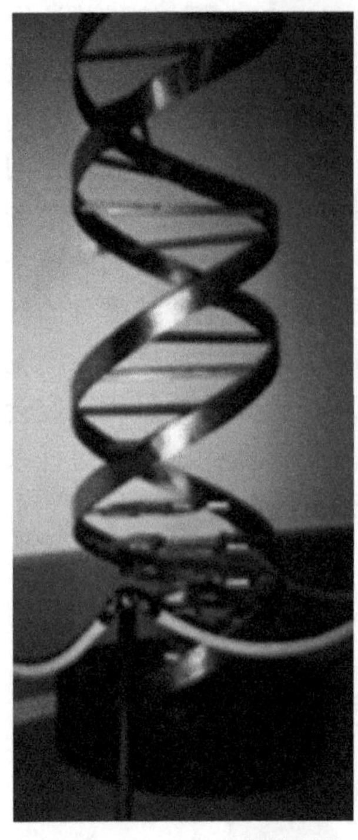
图 8.4 DNA 的双螺旋结构
(图片取自吴家睿课件)

线状的大分子链组成的双螺旋, DNA 双螺旋的每条链由四种小分子连接而成, 而四种小分子 (碱基: A, T, C, G) 的排列组合构成了生命的遗传信息 (图 8.4). 因此 DNA 作为生命的信息库和链接库, 它是一套可以自行复制并且可以不断发展进化的程序, 生命就是一个天然且非常复杂的计算机. 在通常数学中我们用十进制, 在信息和计算机领域用二进制, 而生物则是四进制, 所有这些 DNA 可以看成 ATCG 四个字所组成的四进制编码 (图 8.5). 有人曾经夸张地说, 如果你去看生物杂志, 除了专业不同之外, 分子生物学杂志里面的每一页都可以换成计算机技术杂志的内容. 一方面, 生物是按照数学方式设计的; 另一方面, 生命也可以用数学的手段进行研究. 特别是随着现代高科技的发展, 基因和基因组数据迅速增加, DNA 数据快速积累, 人们可以通过分析 DNA 序列做越来越多的事. DNA 序列分析需要生物学、数学、统计学和计算机科学的共同参与和交叉合作, 现代生命科学的研究已经离不开与其他学科的交叉, 并因此而产生了一些新兴的交叉学科, 如生物信息学、计算生物学、生物数学等.

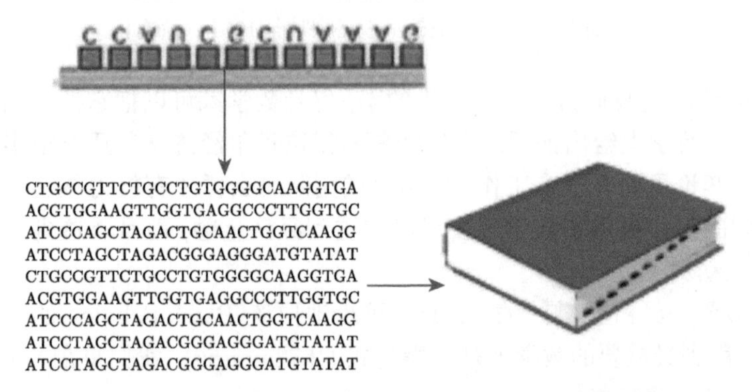

图 8.5 DNA 就像是四进制的计算机 (图片取自吴家睿课件)

2015 年, 在北京召开国际工业与应用数学大会, 我是大会程序委员会主席. 程序委员会挑选了 27 个大会报告, 同时, 我和杨子恒、张德兴共同组织了一个小的专题讨论会 “Mathematics in Population Genetics and Evolution” (《群体遗传和进化中的数学》), 其主题有下面的一段话:

本次研讨会将侧重于现代基因和基因组数据的概率建模和统计分析，以及我们面临的对统计和计算的挑战[①].

近年来数学与生命科学交叉的研究方向很活跃，研究成果也很多．下面我简单谈谈与我们的研究兴趣有关的若干事例.

请大家看下面是四个物种的 DNA 序列片段，我们把它们对好了，对好的意思是把具有相同生理机能的 DNA 片段放在一起做比对．我们发现，大部分的位点，四个碱基都是一样的，有少量的位点它们的碱基不一样．正是因为有这些不同，才有了多种多样的物种．根据这些位点基因的差异，我们可以用一些方法来构建系统发生树 (phylogenetic tree)．比如，我们可以用数学给两条序列定义距离．如果两条序列不同的位点多，就说它们距离远，意思是这两个物种分离较早，它们的共同祖先年代较远；距离近就表明分离较晚．于是，分析这些 DNA 序列，可以构建它们的系统发生树．如图 8.6 a 和 b 两个物种，在上边这个交点处合并，表明它们在交点所在的年代有共同祖先；同样 c 和 d 在另外一个年代有共同祖先．最后，所有的物种都合并在一点，这点就代表它们的最近共同祖先.

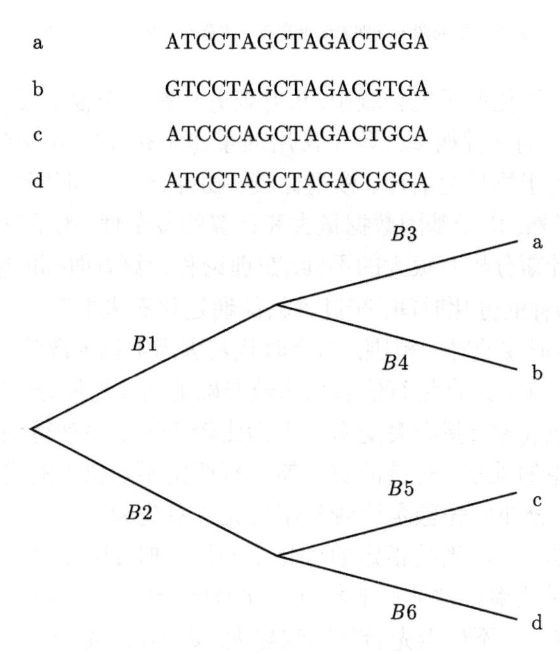

图 8.6 通过 DNA 序列构造的系统发生树

请大家看贴在 the Tree of the Life Website 上的这张图 (图 8.7)．这是 DNA

① This symposium will focus on probabilistic modeling and statistical analysis of modern genetic and genomic data, and the statistical and computational challenges that we face.

分析的一个成就. 长期以来人们分不清猩猩、大猩猩、黑猩猩和人类的亲缘关系, 它们当中谁是与人类最近的亲属? 科学家通过用 DNA 数据构建系统发生树, 才发现原来黑猩猩是人类最近的亲属, 而大猩猩和猩猩离我们较远.

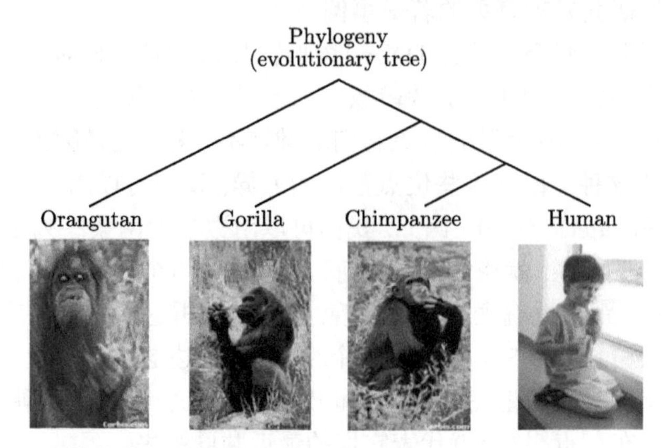

图 8.7 图片取自 the Tree of the Life Website, University of Arizona

从左至右的图形分别表示毛猩猩、大猩猩、黑猩猩和人类

在群体遗传和进化的研究领域中, 贝叶斯分析是一个很重要的数学方法, 其基本原理是概率论中的条件概率. 除了常用的重建系统发生树 MCMC 方法外, 目前贝叶斯方法已用于物种树估计、模型比较、物种分化时间估计、物种划界, 以及其他研究方向. 当然, 由于基因数据量大和计算的复杂性, 用于群体遗传的贝叶斯分析与传统的贝叶斯分析有很大的不同, 在理论和计算方面都面临很大的挑战.

比如, 不同物种的分化时间, 在过去只能通过化石来推断. 而化石推断非常粗糙, 只能提供物种形成的时间范围. 当今时代基因组数据的爆炸式增长, 使得我们有可能借助 DNA 分析结合化石信息来比较准确地估计物种分化时间. 为此, 我们需要先验地给出进化率 (基因突变率), 因为比较 DNA 序列得到的进化距离只是进化时间和进化率的乘积. 传统的贝叶斯分析假定不同位点的进化率都是独立同分布, 因为独立同分布的先验是比较常用的无信息先验. 但是在这里如果先验地用独立同分布的进化率, 当被指定的进化率不恰当时 (这常常不可避免因为人们并不知道真实的进化率), 被估计的物种分化时间会收敛到不恰当的值, 并且数据越多 (基因位点越多), 不恰当先验的影响越大. 数年前, 我的学生朱天琪与英国皇家学会院士杨子恒等把常用软件 MCMCtree 中的分化率先验由独立同分布改变为 Compound Dirichlet 分布, 收到了很好的效果. 采用 Compound Dirichlet 分布后, 即使先验分化率指定得不恰当, 对分化年代的后验估计影响也不大. 他们用真实的 DNA 数据, 结合化石提供的校准区间信息, 估计生物进化的时间, 得到相对精准的哺乳类动物的分化年代 (图 8.8).

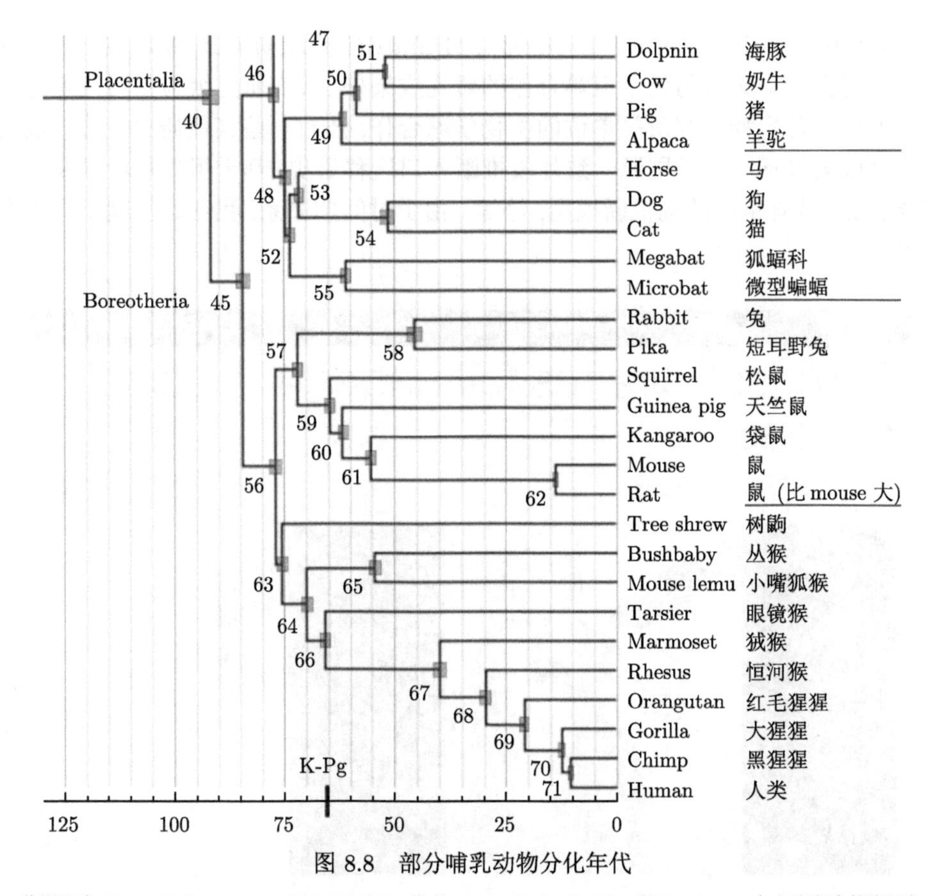

图 8.8 部分哺乳动物分化年代

截图取自 Syst. Biol., 2014, 63(4): 555-565, 作者 M. D. Reis, T. Zhu 和 Z. Yang；中文注释由笔者添加

改进版本的 MCMCtree 软件包, 采用 Compound Dirichlet 作为分化率的初始分布, 得到大量应用. 请大家看下面这张截图, 这是 CNN 在 2016 年的一个报道. 科学家们惊奇地发现原来长颈鹿是四个互不相交配的物种：南部长颈鹿、马赛长颈鹿、索马里长颈鹿和北部长颈鹿 (图 8.9). 文章发表在 *Current Biology*① 上. 这也是 DNA 分析的一个成就, 在当时的媒体引起一些小小的波动, *Nature*、BBC、CNN 都有报道.

科学家们在分析长颈鹿的分化年代时, 应用的软件就是最新版本 MCMCtree, 采用 Compound Dirichlet 分布作为分化率的初始分布.

这几年我们做应用, 一方面与微软合作, 另一方面与生物学家合作. 我们组织讨论班读 Rick Durrett 的 *Probability Model and DNA Sequence Evolution* 和杨

① Multi-locus analyses reveal four Giraffe species instead of one. Current Biology, 2016, 26(18): 2543-2549.

子恒最近的一本书 *Molecular Evolution: A Statistical Approach*, 2014 年出版. 除了上面提到的朱天琪与杨子恒等合作的研究成果外, 我们研究组与中科院基因组所、上海马普生物研究所等单位的生物学家合作, 还有一些其他研究工作. 我们的研究成果包括: 基于同源一致片段推断人口迁移历史, 基于祖先片段推断人口混合历史, 带有重组的溯祖新模型, 等等. 由于时间的关系, 我在这里就不详细介绍了.

图 8.9

8.9　AlphaGo 与深度强化学习

给大家讲讲比较有趣的深度学习和强化学习中的概率统计. 之所以选取这个题材, 是因为 AlphaGo 现在是个热门话题, 计算机居然战胜了世界围棋冠军, 先前战胜了韩国的李世石 (图 8.10), 前不久又战胜了我国的柯洁.

当然, AlphaGo 这么成功, 有很多的技术, 包括芯片、计算机等等. 我这里不是要讲技术和围棋, 而是要讲 AlphaGo 用到的数学, 谈 AlphaGo 算法用到的深度强化学习和蒙特卡罗树搜索, 在这里面用到了很多的概率统计知识.

在讲述之前, 我公开申明: 我要感谢微软亚洲研究院的贺迪. 起因是中国科学院大学的一、二年级大学生做科创计划, 他们选择了学习 AlphaGo, 研究 AlphaGo 的概率统计原理, 希望我做他们的导师. 我就通过我在微软工作的学生陈薇邀请到贺迪, 请他给我们做报告介绍 AlphaGo 的原理. 下面介绍的内容部分取自贺迪的报告, 部分取自查阅互联网获得的资料, 不一一注明知识产权的出处.

图 8.10 AlphaGo 与韩国选手李世石对弈 (图片取自网络)

人工智能下棋已经有很长历史, 过去 IBM 有一个深蓝团队, 用“深蓝”计算机下国际象棋. 国际象棋所有棋局穷尽了大概是 10^{47}, 而围棋的所有棋局的可能性大约是 10^{170}. 要知道我们整个地球的原子总数也只有 10^{80}, 因此围棋的棋局总数远比地球所有原子数目多, 这真是一个大数据. 过去 IBM 团队用“深蓝”同人类下国际象棋时, 用的方法是穷尽, 把所有国际象棋的棋谱都让计算机学了. 但是, 对于围棋做不到, 目前的计算机不可能穷尽 10^{170} 这个天文数字. 因此设计围棋的人工智能时必须用随机的方法, 用概率统计的方法, 在具体设计算法时还要有很多智慧和技巧.

Google 的研发团队用深度学习和强化深度学习为 AlphaGo 训练了四个神经网络 (图 8.11), 相当于四个大脑, 它们是: 快速走子策略、监督学习策略、强化学习策略和估值网络. 研发团队先用 KGS 围棋服务器上的 3000 万个棋局有监督地学习出两个神经网络: 其一是用 13 层卷积神经网络学出来的监督学习策略; 其二是用逻辑回归学出来的快速走子策略. 这两个网络都可以近似理解为基于 3000 万个有标注的数据 (s,a), 评价在当前局面 s 下, 棋子落在某一位置 a 的概率, 也就是 $p(a|s)$. 其中快速走子策略可以被看作是监督学习策略的轻量级版本, 它能够比监督学习策略快 1000 倍, 但是精确性较差. AlphaGo 的强大在于它还有自我学习的能力. 在监督学习策略的基础上, 通过机器和机器自我对弈, 又产生多达 3000 万个标注样本, 每个样本的局面 s 都来自不同的棋局, 它再用大量增加的样本自

我学习, 训练出一个强化学习策略网络. 这个网络也是评价在当前局面 s 下, 棋子落在某一位置 a 的概率. 而第四个网络, 是在策略网络和强化学习网络的基础上训练出来的估值网络, 它可以估出在当前棋局下获胜的概率有多大. 总体来说, 前三个神经网络都以当前围棋对弈局面为输入, 经过计算后输出可能的走子选择和对应的概率, 概率越大的点意味着神经网络更倾向于在那一点走子, 这个概率是针对输入局面下所有可能的走子方法而计算的, 也就是每个可能的落子点都有一个概率, 当然会有不少的点概率为 0. 第四个神经网络是用来进行价值判断的, 输入一个对弈局面, 它会计算出这个局面下黑棋和白棋的胜率. 我的理解, 四个网络都是概率, 前三个是概率分布, 第四个是一个概率值.

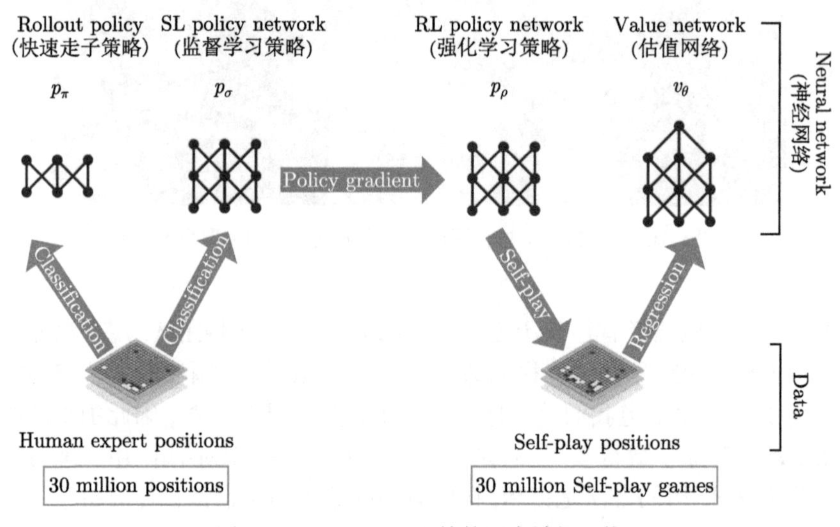

图 8.11　AlphaGo 训练的四个神经网络

这些都是下棋前的准备工作, 真正下棋的时候, 它用的是蒙特卡罗树搜索 (MCTS) 算法. 这个算法用到贝叶斯分析, 用到马氏链, 还用到其他数学方法. 关键的是, 它在不断地用蒙特卡罗树搜索的时候, 还不断地自我更新它的策略, 这就体现了人工智能.

MCTS 算法有不同版本, 并且在不断地改进. 在 *Nature* 上发表的 Google 人工智能战胜职业围棋手的文章 (doi: 10.1038/nature16961) 所描述的算法中, 搜索树的每条边储存行动值、访问次数和先验概率 (图 8.12). 它从根节点 (当前棋局 s) 出发, 在每次模拟的每一步 t, 根据最优操作 a_t 选择一个边 (s_t, a), 其中 s_t 是棋局, a 是落子位置, 直到某个叶子节点 s_L, 叶子节点可以被扩展. 用两种方式评估叶子节点.

具体来说, 最优操作由下式确定:

$$a_t = \underset{a}{\operatorname{argmax}} \left(Q\left(s_t, a\right) + u\left(s_t, a\right) \right),$$

也就是在所有可能的落子位置 a 里面, 选择使上面右边式子达到最大值的 a. 式中的 Q 是行动值, 用下面的公式计算:

$$Q(s, a) = \frac{1}{N(s, a)} \sum_{i=1}^{n} 1(s, a, i) V\left(s_L^i\right),$$

其中 $V(s_L^i)$ 是第 i 次模拟的获胜率, $N(s, a) = \sum_{i=1}^{n} 1(s, a, i)$ 是访问 a 的模拟次数 (the visited number for this edge). 而获胜率 $V(s_L)$ 是两种方式评估的线性组合:

$$V\left(s_L\right) = (1 - \lambda) V_\theta\left(s_L\right) + \lambda z_L,$$

其中 z_L 是用快速策略网络展开到游戏结束给出的获胜率, $V_\theta\left(s_L\right)$ 是用估值网络算出的获胜率. 直观来看, 行动值 Q 就是访问过 a 的所有模拟的平均获算率. 计算最优操作 a_t 时, 还要考虑一个奖励项 u:

$$u(s, a) \propto \frac{P(s, a)}{1 + N(s, a)},$$

它与节点的先验概率成正比, 并且随着访问次数的重复而衰减, 以此鼓励探索新的落子位置. 每一个新节点用一次策略网络的值作为先验概率, 模拟以后把输出概率储存并用作之后的先验概率.

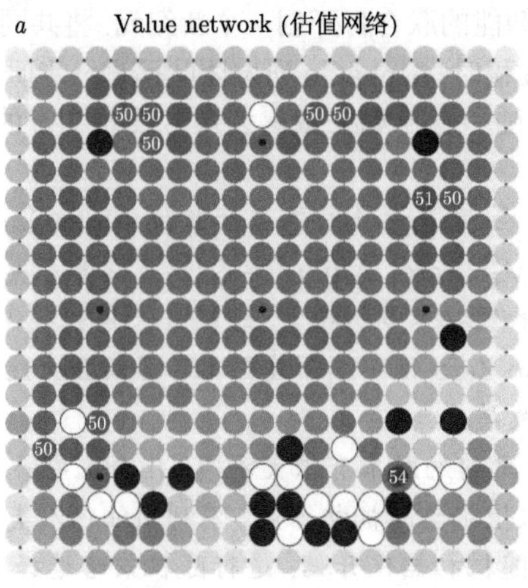

图 8.12 从任意给定棋盘局面去猜测大致的双方赢棋概率

深蓝色表示下一步有利于赢棋的位置 (截图取自 doi: 10.1038/nature16961)

每次模拟结束时，更新此次模拟经过的所有边的行动值 Q 和访问次数 N.

这就是蒙特卡罗树搜索的一个基本模拟过程. 这样的模拟可以不断重复，一直算到电脑认为最佳为止，或者算到规定下一步必须走子的时间为止. 电脑选择从当前棋局出发访问次数最多的边作为落子位置 (图 8.13).

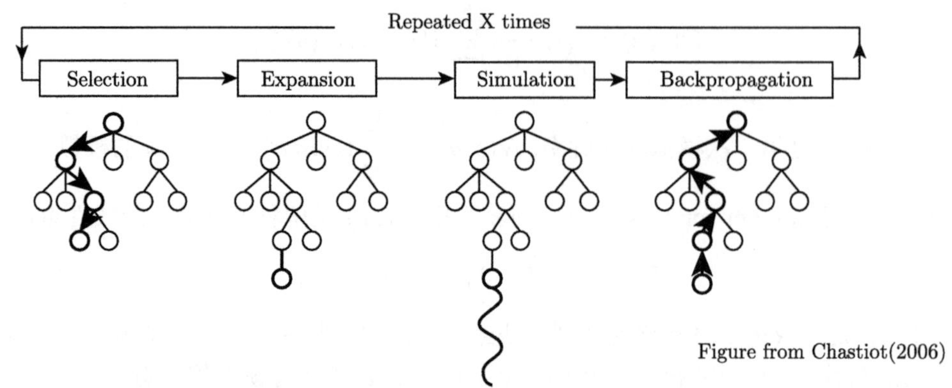

图 8.13 蒙特卡罗树搜索示意图 (图片取自 https: //www.jianshu.com/p/d011baff6b64)

以上是关于 AlphaGo 的深度强化学习和蒙特卡罗树搜索的简单介绍. 我们看到这两项技术的强大能力，可以在特定的方面超越人类已有的知识，产生意想不到的灵感. 而这些技术从本质来讲，就是建立恰当的数学模型，由此我们体会到数学的魅力.

根据网络上的消息，世界围棋冠军柯洁跟 AlphaGo 下输后反思，他说：人类已经研究围棋几千年了，然而人工智能却告诉我们，我们甚至连其表皮都没揭开. 他还说：人类和人工智能的联合将开创一个新纪元，将共同发现围棋的真谛.

补记：笔者修改此稿时，AlphaGo 研发团队已进一步研发出了 AlphaGo Zero. 下面摘录邵坤、唐振韬和赵冬斌在微信公众号发表文章的部分内容作为本节的补充：

近日，DeepMind 在 *Nature* 上公布了最新版 AlphaGo 论文，介绍了迄今为止最强的围棋 AI: AlphaGo Zero. AlphaGo Zero 不需要人类专家知识，只使用纯粹的深度强化学习技术和蒙特卡罗树搜索，经过 3 天自我对弈以 100: 0 击败上一版本 AlphaGo. AlphaGo Zero 证明了深度强化学习的强大能力，这一成果也势必将推动该领域的进一步发展.

AlphaGo Zero 与之前的版本有很大不同. 几个主要的不同点在于：

第一，神经网络权值完全随机初始化. 不利用任何人类专家的经验或数据，神经网络的权值完全从随机初始化开始，进行随机策略选择，使用强化学习进行自我博弈和提升.

第二，无须先验知识. 不再需要人为手工设计特征，而是仅利用棋盘上的黑白棋子的摆放情况, 作为原始输入数据, 将其输入到神经网络中, 以此得到结果.

第三, 神经网络结构复杂性降低. 原先两个结构独立的策略网络和价值网络合为一体, 合并成一个神经网络. 在该神经网络中, 从输入层到中间层是完全共享的, 到最后的输出层部分被分离成了策略函数输出和价值函数输出.

第四, 舍弃快速走子网络. 不再使用快速走子网络进行随机模拟, 而是完全将神经网络得到的结果替换随机模拟, 从而在提升学习速率的同时, 增强了神经网络估值的准确性.

(此处略去另外三个比较专业的不同点.)

AlphaGo Zero 的成功刷新了人们对深度强化学习方法的认识, 并对深度强化学习领域的研究更加充满期待. 深度学习与强化学习的进一步结合相信会引发更多的思想浪潮.

AlphaGo 之父 David Silver 认为, 根据最新的实验结果, 监督学习能产生当时性能最优的模型, 而强化学习可以超越人类已有的知识得到更进一步的提升.

8.10 生成对抗网络与最优传输理论

这也是纯粹数学与应用数学相互交叉融合的一个最新例子. 举这个例子要感谢我的学生兰艳艳, 她现在在中科院计算技术研究所工作, 在机器学习的前沿方向做得很出色. 是她把生成对抗网络介绍给我和我的学生, 下面演讲的部分材料 (包括图片) 取自兰艳艳的课件.

你们看这些图片, 或者说这些照片, 多么美丽: 看看这些鸟, 这些蚂蚁, 这些教堂, 还有这些火山, 各种各样的火山. 另一张图桌上的水果和饮料. 我告诉你们, 这些不是照片, 也不是画家的画作, 这是计算机自动生成的. 你会感觉到现代的科学技术真是很了不起 (图 8.14).

(a)

(b) 火山

(c) 桌上的橙子及旁边的酒瓶

图 8.14

电脑甚至于可以做到什么程度呢？你们看这是男人戴着眼镜、男人没戴眼镜和女人没戴眼镜的照片．我先让电脑识别这些照片，然后给电脑一个指令，生成戴眼镜的女人来．你们看这些都是电脑自动生成的戴眼镜的女人的图片，这么逼真，就像真有戴眼镜的女人 (图 8.15)．这是机器学习的最新成就，是生成对抗网络 (generative adversarial nets, GAN) 生成的图片．GAN 由 Goodfellow 等在 2014 年开创性地提出．

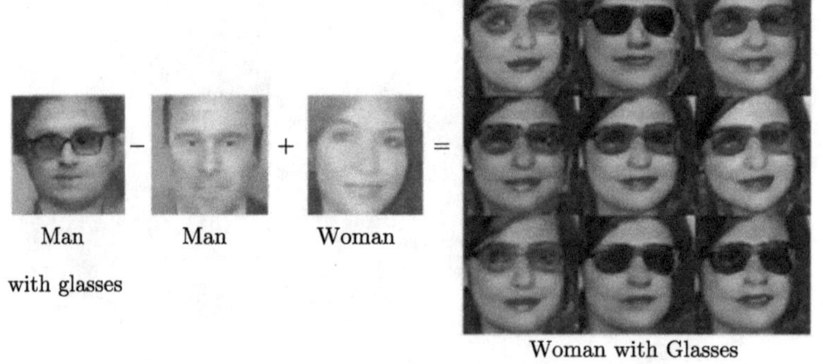

图 8.15　由戴眼镜的男人、不戴眼镜的男人和女人的图片，生成戴眼镜的女人的图片

生成对抗网络的思想和方法是这样的, 它做了两个网络, 一个是生成式模型 G, 另一个是判别式模型 D. 让这两个网络相互对抗, 最后得到最佳的效果. 它的做法如图 8.16 所示.

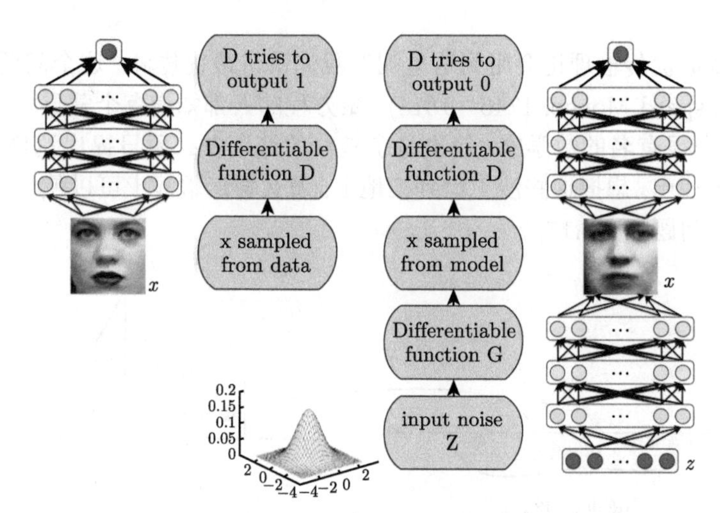

图 8.16 生成对抗网络

图片取自 https: //blog.csdn.net/solomon1558/article/details/52549409

图 8.16 左边是判别式网络 D, 右边是生成式网络 G. 左边的判别式网络 D 是一个二分类器, 估计一个样本来自训练数据 (而非生成数据) 的概率. 给了 D 一张图片之后, 它要判别给定图片的真伪. 右边是从一个分布出发, 比如高斯分布或均匀分布, 让生成式网络 G 去学给定的图片, 学出一个泛函, 由这个泛函生成一个分布, 生成式模型 G 的目标是使泛函生成的分布和真实图片一样. 判别式模型 D 判别生成的图片与真实图片有多大差距, 如果判别为 1, 就说明两个图片一样; 如果判别为 0, 就说明两个图片差别很大. 这两个模型的关系, 犹如警察与小偷的关系, 生成式模型要不断改进生成的图片, 使得判别模型分不清真假, 由此形成竞争与对抗, 达到最佳的学习效果.

生成对抗网络有许多优点. 它可以产生比其他模型更好的样本 (图像更锐利、清晰), 在设计时不需要有特定的函数形式, 不需要利用马氏链反复采样, 不需要在学习过程中进行推断, 等等.

但最初版本的生成对抗网络也有一些挑战性的不足之处. 它的优化算法不稳定, 存在着训练困难、生成模型和判别模型的损失函数无法指示训练进程、生成样本缺乏多样性等问题. 它有时只收敛到局部最优或鞍点, 或者根本就不收敛到平衡态.

就在最近, 机器学习的专家们发现经典数学中最优传输理论的 Wasserstein

距离可以克服 GAN 的不足之处 (参见 https://arxiv.org/abs/1701.07875). 这一发现被业内专家惊呼为"令人拍案叫绝的 Wasserstein GAN" (https:// zhuanlan.zhihu.com/p/25071913). 这也成为纯粹数学与应用数学交叉融合的一个最新热点.

为什么最优传输理论会用到这里呢？我先讲讲最优传输. 这个问题可以回溯到蒙日 (Gaspard Monge, 1746—1818). 做方程的人都知道有个蒙日方程, 蒙日是 18 世纪一个很有名的数学家, 他也是拿破仑的好朋友. 蒙日提出这样一个问题: 我有这么多沙土, 想把这些沙土运到工地上, 怎么样运输沙土可以使运费最少, 这叫蒙日传输问题 (图 8.17).

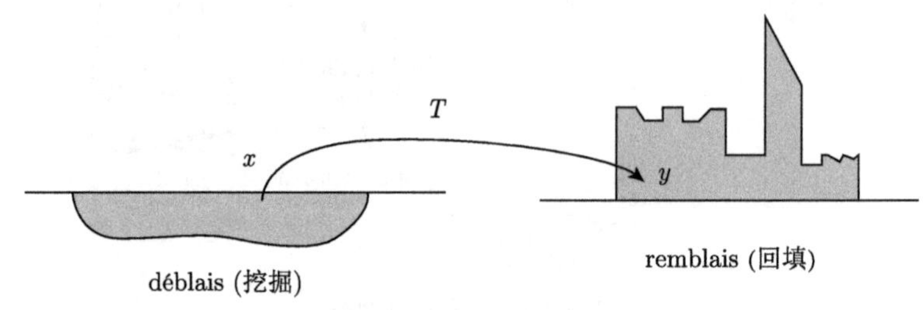

图 8.17 蒙日的"挖"与"填"

图片取自 C.Villali: Optimal transport, old and new

蒙日的最优传输问题作为一个经典的数学问题, 与数学和经济学的多个研究方向有关, 吸引了许多优秀数学家来研究. 2010 年 Fields 奖得主维拉尼 (Cédric Villani) 写了两本书来讲最优传输问题, 他是用最优传输问题来解决几何和泛函不等式的高手. 国内也有很多学者研究或应用最优传输理论, 比如陈木法、王凤雨、李向东等等.

维拉尼把最优传输形象地比喻为运输面包, 在巴黎有许多咖啡店和面包店, 每天早上要把新鲜的面包送达咖啡店, 最优传输问题就是寻求怎么样运输面包最节省 (图 8.18).

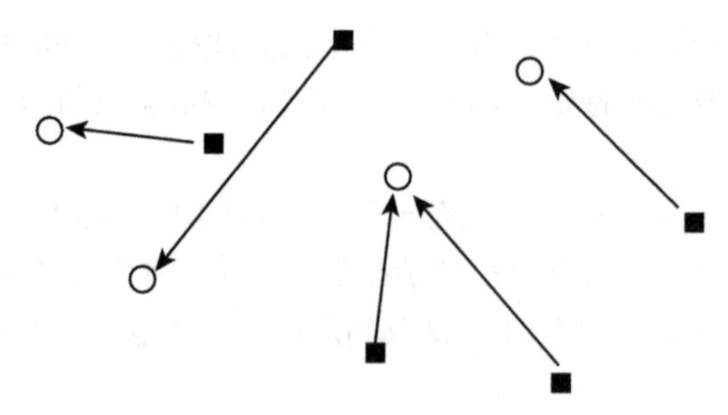

图 8.18 维拉尼对蒙日问题的形容，图中 ○ 代表咖啡店，■ 代表面包店

假设咖啡店的分布是 P_g, 面包店的分布是 P_r, 我们可以把问题抽象为:寻找一个联合分布 $\gamma(x,y)$, 使得这个联合分布关于面包店和咖啡店的边缘分布分别是 P_g 和 P_r, 而面包店和咖啡店关于联合分布的平均距离最小, 也就是在联合分布下有最小的数学期望. 这个最小的平均距离, 被数学家们称为 P_g 和 P_r 的 Wasserstein 距离:

$$W(P_r,P_g)=\inf_{\gamma\in\Pi(P_r,P_g)} E_{(x,y)-\gamma}[\|x-y\|],$$

其中 $\Pi(P_r,P_g)$ 表示所有符合条件的联合分布 $\gamma(x,y)$ 的集合.

这么一个纯数学的研究内容, 现在成了生成对抗网络最好的数学工具. 为什么呢? 从数学的角度来看, 所有图片都是由像素生成的分布, 比较两个图片就是比较两个像素的分布. 两个图片如果一样, 就是两边的像素的分布一样. 要问两个图片有多大差距, 就是问两个像素分布的差别有多大. 生成对抗网络的判别模型就是比较两个图片的像素分布, 生成式模型用优化方法缩小两个分布的差距, 直至最优.

传统的机器学习采用 KL 散度或 JS 散度比较两个分布的差距. 如果两个分布不重叠或者重叠部分可忽略, 则 KL 和 JS 是突变的, 要么最大要么最小, 反映不了两个分布的远近, 也提供不了梯度, 不能用梯度下降法优化参数, 因此它的优化算法不稳定. 而 Wasserstein 距离却是平滑的, 它能比较温柔地、渐近地刻画两个分布的距离, 即便两个分布没有重叠, Wasserstein 距离仍然能够反映它们的远近, 为梯度下降法提供有意义的梯度. Wasserstein 距离还有其他一些优点. 机器学习的专家们在这里恰到好处地应用到经典数学的最优传输理论, 令人拍案叫绝! (图 8.19)

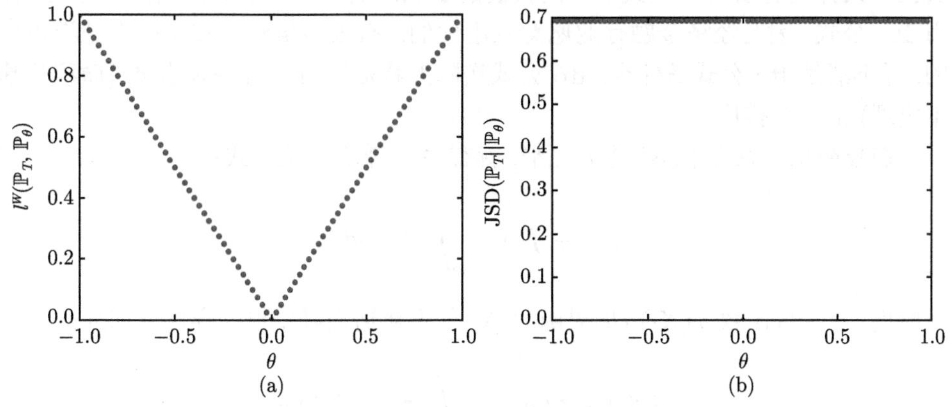

图 8.19 显示 Wasserstein-1 距离的优点. $\rho(\mathbb{P}_\theta,\mathbb{P}_0)$ 作为 θ 的函数: 图 (a) 的 ρ 用 Wasserstein 距离, 图 (b) 是 JS 散度. Wasserstein 距离是连续的, 并且能提供有用的梯度. JS 达不到这个要求

我与我的学生兰艳艳商量, 邀请国内作最优传输理论的数学家来共同关注生成对抗网络的研究和发展.

2017 年 5 月 17 日, 兰艳艳在邀请王凤雨的 Email 中写道:

最近机器学习中的热点对抗生成网络, 使用了 Wasserstein-1 距离作为目标函数进行优化, 在图像自动生成等密度函数估计问题中取得了良好的效果, 然而其理论基础还很薄弱, 存在一些难以解释的问题. ……

2017 年 10 月 26 日, Fields 奖获得者、哈佛大学终身教授丘成桐在第十四届中国计算机大会 (CNCC 2017) 上作为特邀嘉宾做了首个演讲, 演讲主题为“现代几何学在计算机科学中的应用”. 根据雷锋网 (https://www.leiphone.com/news/201710/JXViV3L0nQuP1dTu.html) 的报道, 他在谈到生成对抗网络时说:

“对抗生成网络实质上就是用深度神经网络来计算概率测度之间的变换. 虽然规模宏大, 但是数学本质并不复杂. 应用相对成熟的最优传输理论和蒙日-安培理论, 我们可以为机器学习的黑箱给出透明的几何解释, 这有助于设计出更为高效和可靠的计算方法.”

8.11 金融数学的基础: Itô[①]公式

数学的魅力不局限于自然科学, 在社会经济领域甚至我们的日常生活中, 数学也有重要影响. 如果要谈数学与经济金融的关系, 必不可少地要谈 Black-Scholes 的资产定价公式, 这里面用到最重要的数学就是 Itô 公式. 这几年金融数学非常热, 我的好几个学生毕业后都到了金融行业、银行和摩根大通公司等单位工作. 其实我本人并没有研究金融数学. 但我们的学生的优势就在于他们会随机分析, 会用 Itô 公式, 因此经济金融行业愿意录用他们. 有很多虽然学数学但不是学概率的, 弄不清楚 Itô 公式是什么. Itô 公式实际上就是牛顿-莱布尼茨公式 (微积分基本定理) 的一个推广.

在黎曼积分意义下, 只要 f 光滑, 就有牛顿-莱布尼茨公式:

$$f(t)-f(0)=\int_0^t f'(s)ds.$$

一般地, 对复合函数 $f(X_t)$ (如果函数 X_t 的性质适当好), 也同样可以积分:

$$f\left(X_t\right)-f\left(X_0\right)=\int_0^t f'\left(X_S\right)dX_S.$$

① Itô Kiyoshi 在随机积分与随机微分方程的先驱工作, 发展成现在所谓的 Itô Calculus 或随机分析. Itô 学派对概率的发展有深远的影响.

这就是牛顿-莱布尼茨公式. 回忆一下牛顿-莱布尼茨公式的推导. 记

$$0=t_0<t_1<\cdots<t_i<\cdots<t_n=t,\quad \Delta X_i=X_{t_{i+1}}-X_{t_i},$$

采用 Taylor 展开, 我们有

$$f\left(X_{t_{i+1}}\right)-f\left(X_{t_i}\right)=f'\left(X_{t_i}\right)\left(\Delta X_{t_i}\right)+o\left(\left|\Delta X_{t_i}\right|\right).$$

如果曲线 X_t 是可求长的, 即

$$\lim_{\max\limits_i|\Delta X_i|\to 0}\sum_{i=0}^{n-1}|\Delta X_i|<\infty,$$

那么由 Taylor 展开我们可以看出 2 阶及以后的项都是高阶无穷小, 取极限后只留下一阶项, 即

$$f\left(X_t\right)-f\left(X_0\right)=\lim\sum f'\left(X_{t_i}\right)\left(\Delta X_{t_i}\right)+o\left(\sum\left|\Delta X_{t_i}\right|\right)=\int_0^t f'\left(X_s\right)dX_s,$$

这就是通常黎曼积分的思想.

但是有些曲线是不可求长的, 比如股票价格波动的曲线, 或者布朗运动的轨道. 这种曲线, 当 (时间) 区间分割划分时, 对应的折线长度之和收敛于无穷大, 对再小的 (时间) 区间分割划分, 这一极限都是无穷大.

$$\lim_{\max\limits_i|\Delta X_i|\to 0}\sum_{i=0}^{n-1}|\Delta X_i|=\infty.$$

对这种不可求长的曲线, 牛顿-莱布尼茨公式就不好用了, 因为不满足前面说的条件. 但是 Itô 注意到, 对布朗运动的轨道, 虽然折线长度之和取极限是无穷, 但是, 折线长度的平方之和取极限却是几乎必然 (即概率为 1) 的有限. 如果 X_t 是布朗运动, 那么这个极限正好等于 $t-s$, 即

$$\lim_{\max\limits_i|\Delta X_i|\to 0}\sum_{i=0}^{n-1}\left(\Delta X_i\right)^2=t-s(s<t).$$

因此, 在 Taylor 展开中, 不是只展一项, 而是再展一项:

$$f\left(X_{t_{i+1}}\right)-f\left(X_{t_i}\right)=f'\left(X_{t_i}\right)\Delta X_{t_i}+\frac{1}{2}f''\left(X_{t_i}\right)\left(\Delta X_{t_i}\right)^2+o\left(\left|\Delta X_{t_i}\right|^2\right).$$

这样一求和, 当分割划分越来越细时, 高阶无穷小消失了, 除了第一项是通常的牛顿-莱布尼茨这一项以外, 还出现了 $1/2f''(X_s)ds$. 这就得到了 Itô 公式:

$$f(X_t) - f(X_0) = \int_0^t f'(X_s)\,dX_s + \frac{1}{2}\int_0^t f''(X_s)\,ds.$$

Itô 公式现在讲起来比较轻松, 当时发现是非常不容易的. 这是 Itô 非常重要的发现, Itô 公式无论在自然科学还是在社会科学中都用得非常广泛. 因此, 他得了首届高斯奖. 下面一段是 Itô 英文颁奖词的部分中译文:

Itô 从 20 世纪 40 年代开始着手研究这个问题: 控制随机粒子的运动途径. 他发展出一个全新的数学形式体系——随机分析, 让数学家们能够用随机偏微分方程来表示随机的组合和其决定的力量. 如今, Itô 的理论已经应用到股票分析、生态系统中人群数量的测算以及复杂生物学的测算之中. 随机分析成为数学领域中一个重要而富有成果的分支, 并对"技术、商业和日常生活产生了重要影响".

那是 2006 年, 在马德里的国际数学家大会上. 给 Itô 颁奖的时候我在场, 那时我作为国际数学联盟执委会的委员, 就在主席台上. 给 Itô 颁奖时, 他本人已经 90 岁了. Itô 的女儿代替父亲来领奖, 她念了一页他父亲写的感言. 其中有这么一段话: "我自己关于随机分析的研究是纯数学的. 因此, 把应用数学的高斯奖颁发给我的确出乎意外, 我深深地感谢!" 这里我们再一次体会到纯数学与应用数学是没有明确界限的, 而数学的力量是如此强大!

Itô (1915—2008) 1940 年在统计局

讲讲 Itô 的一些轶事还是挺有趣的, 对年轻人很有启发. Itô 于 1915 年出生在日本的三重县, 他的父亲是一位日本文学和汉语文学的中学教师. Itô 最早就读于东京大学数学系, 但是大学毕业以后并没有直接进入数学科研机构或研究所工作, 而是到了东京的政府统计局做小职员, 直到 1943 年才到日本名古屋大学做副教授. Itô 的最初两篇文章都是 1942 年在政府统计局做小职员时发表的, 第一篇论文研究 Lévy 过程的分解, 他给出了后来被称为 Lévy-Itô 分解的著名结果, 这是我们现在学随机分析必须学的经典结果; Lévy 研究这个分解, 是从纯分析的方法出发, Itô 是从轨道的角度出发, 他发现 Lévy 过程的轨道可以分解为扩散部分、跳部分和漂移. 第二篇论文, 发表于大阪大学发行的油印手写版的日文杂志, 油印就是用钢板垫底, 用铁笔在蜡纸上刻字, 然后用手滚动油墨筒印刷, 现在的有些年轻人也许没见过. 而这篇论文就包含著名的 Itô 公式. Itô 积分起源于他在统计局做职员时写出来的手稿. 后来, 在第二次世界大战之后, 他把第二篇文章拓展并译成英文, 送到美国请 Doob 帮忙发表. Doob 立刻意识到文章的重要性, 并安排在 1951 年的 *Mem. Amer Math. Soc.* 发表, 文章的题目为 "On stochastic differential equations" (《随机微分方程》). 从 1952 年起 Itô 成为京都大学教授, 从 1954 年到 1956 年在普林斯顿高等研究所作 Fellow, 他也分别在斯坦福大学 (1961—1964 年)、奥胡斯 (Aarhus) 大学 (1966—1969 年) 和康奈尔大学 (1969—1975 年) 担任教授. 在此期间 Itô 往来于日本和美国, 参加他在京都大学举办的讨论班的多位年轻人后来都成为有名的随机分析专家, 其中包括他的学生 Watanabe Shinzo、Kunita Hiroshi 和 Fukushima Masatoshi. 这三人是真正在 Itô 名下注册的研究生, 还有 N. Ikeda、M. Motoo、T. Hida、M. Nisio、H. Tanaka 和其他知名学者.

顺便说说, 我差点成为 Itô 的学生. 1981 年 Itô 访问中国科学院时, 我在科学院做研究生, 硕士学位论文是关于点过程. 我陪 Itô 爬长城时, 给他介绍了我做的研究工作, 他听了很感兴趣. Itô 对点过程很熟悉, 他的一个很有名的工作就是发现布朗运动的 Excursion 是 Poisson 点过程. Itô 告诉我他要推荐我到日本念博士.

图 8.20 是他回国后寄给我的明信片. 他推荐我由日本振兴会资助到日本京都大学念博士. 我当时非常高兴, 但后来因故没去成, 而是获得洪堡资助到了德国, 去了日本也许我的人生轨迹就不一样了. 虽然去日本念书是擦肩而过, 但是我受到 Itô 的学生 Fukushima 的帮助, 我非常感激. 我刚才说了, Fukushima 是 Itô 注册的博士研究生, Fukushima 对随机分析作出很重要的贡献. 他是最先从正则狄氏形构造出 Hunt 过程 (一类很好的过程), 把随机分析和经典的位势理论建立起联系, 那是 1971 年的事, 是突破性的贡献. 由于 Fukushima 的工作, 现代狄氏型的理论和应用发展得非常快, 现在还是非常活跃的领域. 当然 Fukushima 还有许多其他的重要工作. 自从 1971 年 Fukushima 找到正则狄氏型与 Hunt 过程的联系之后, 就有人想找一找狄氏型联系 Hunt 过程的充分必要条件, 或者能不能把 Fukushima 的理论用到无穷维, 能够更一般些, 因为正则狄氏型要求空间一定是局部紧, 也就只能是有限维. 去德国之前, 根据严加安教授的建议我们在北京组织了一个讨论班, 专门讨论 Fukushima 关于狄氏型和对称马氏过程的书. 1986 年年

底我到德国 Bielefeld, 正好 BiBoS 随机中心的许多科学家都在研究狄氏型及其应用, 特别是我的老板 Albeverio 和他的学生 Röckner, 他们在无穷维狄氏型的研究方向做得很出色. 因此我比较幸运, 在 20 世纪 90 年代初我们合作找到了狄氏型联系好的马氏过程的一个充分必要条件. Fukushima 对年轻人非常提携, 记得当初我们做出这个工作之后, 写信告诉 Fukushima. 他看到我的信之后, 都没来得及写信, 直接打电报给我, 说你们这个定理一定是将来研究马氏过程的一个主要参考文献, 建议我们尽快发表 (图 8.21).

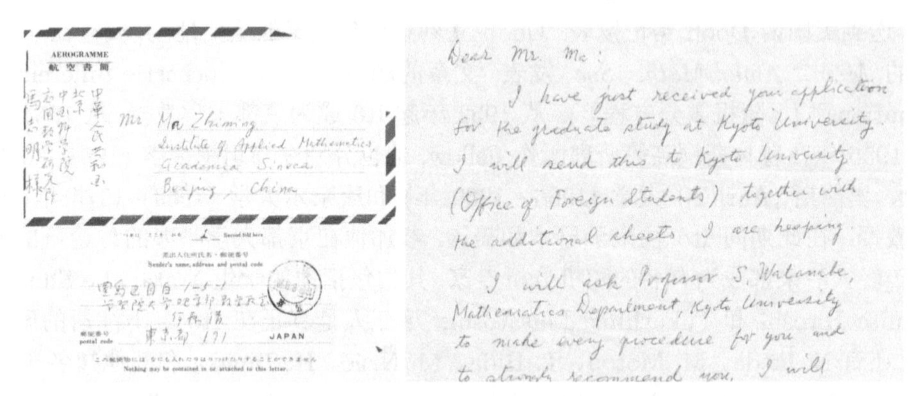
AEROGRAMME
航空書簡
Mr Ma Zhiming
Institute of Applied Mathematics
Academia Sinica
Beijing, China
JAPAN

Dear Mr. Ma:

I have just received your application for the graduate study at Kyoto University. I will send this to Kyoto University (Office of Foreign Students) together with the additional sheets I are keeping.

I will ask Professor S. Watanabe, Mathematics Department, Kyoto University to make every procedure for you and to strongly recommend you. I will

图 8.20 Itô 寄给马志明的明信片

图 8.21 马普奖颁奖现场 (从左至右为德国科技部长、Albeverio、Röckner、马志明)

根据 Fukushima 的建议, 我们把这个狄氏型叫做 quasiregular Dirichlet form (拟正则狄氏型), 从正则推广为拟正则. Fukushima 还推荐并帮我获得资助参加

1990 年在京都的世界数学家大会, 那是我第一次参加世界数学家大会. 由于这项合作工作和其他工作, Albeverio, Röckner 和我在 1992 年获得了 Max-Planck 奖 (图 8.22).

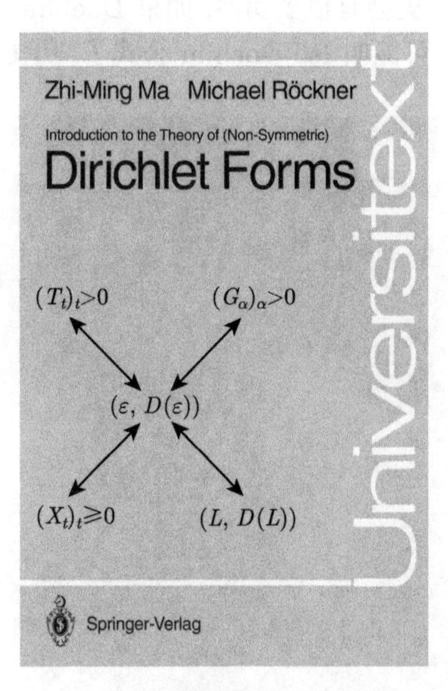

图 8.22

Röckner 和我合写了一本系统研究拟正则狄氏型的书在 Springer 发表 (图 8.23), 1994 年我在国际数学家大会的报告也是这个题目. 拟正则狄氏型以及我们和陈振庆合作关于拟正则狄氏型与正则狄氏型拟同胚的工作, 有许多应用. 现在回想起来, 虽然我没有如 Itô 所推荐到京都大学学习, 但是 Itô 的学生 Fukushima 对我帮助非常大.

那是 20 世纪 90 年代初的事, 值得一提的是到了 20 年之后, 在 2011 年 Fukushima 和陈振庆合写的书中, 第一章用了三节来讨论拟正则狄氏型和拟同胚, 而且在前言中就说用拟同胚方法可以把拟正则狄氏型和对称马氏过程的问题转化为正则狄氏型的问题来研究. 所以这真是印证了 Fukushima 当时在电报中对我们工作的判断, 这也让我想起我们概率统计界一位老前辈许宝騄的一句话, 他说:"一篇文章的价值不是在它发表的时候得到了承认, 而是在后来不断被人引用的时候才得到证实."

关于随机分析, 还有一些有趣的话题. 后来, 法国人发现有一位叫 Wolfgang Doeblin 的犹太数学家, 他出生在德国柏林, 1933 年去巴黎入了法国籍, 25 岁在与德国交战时阵亡. 他生前最后两年在军中服役, 同时, 写下了不少珍贵的数学手稿.

在与德国交战之前, 他把手稿用密封信件送到巴黎科学院存档. 60 年后的 2000 年, 经他的兄弟同意才解密. 法国人呼吁: 他们在手稿中惊异地发现, 在 Doeblin 潦草地写在学生练习本的笔记中, 已经隐藏有用 Itô 随机方法求解 Kolmogorov 抛物偏微分方程的思想. 历史会有很多偶然, 如果 Doeblin 手稿早点流传出来, 也许现在就不叫 Itô 公式, 有可能叫 Itô-Doeblin 公式了, 历史会有一些不完善的地方.

Fukushima 教授 (右) 与笔者 (左) 2008 年摄于北京

8.12 结　语

数学仿佛是冰山, 冰山在水面之下的部分是纯数学领域, 水面之上为尖点, 那是我们可以看见的数学向其他领域的渗透和应用. 如果没有水下大得多的部分, 水面之上的尖点将会消失.

数学中的许多著名猜想、著名难题都具有激励人们发展新工具、促进学科发展的重大作用. 著名难题的解决过程不仅推动了相应学科领域本身的发展, 更推动了数学不同领域的交叉与融合, 产生了许多数学研究的新思维、新方法. 这些耸立于数学世界的一座座“高峰”, 以及数学世界许多神秘的未知领地, 吸引着数学家自由探索的好奇心, 吸引无数探索者不懈攀登, 在跋涉、探索的过程中促进了数学的发展. 我们应持续不断地鼓励有志青年攀登重大数学难题, 十年磨一剑, 潜心研究.

现实世界中提出的各种问题也是推动数学发展的重要动力. 生命科学、信息科学、计算机网络、经济与金融、社会与经济管理等自然科学和社会科学的各个领域, 不断地对数学提出新的课题与挑战, 极大地刺激和推动了数学的发展. 数学同其他学科综合研究、联合攻关, 往往促进诸多学科的发展繁荣, 其成果在实际领域中获得广泛应用.

致谢 感谢欧阳顺湘和陈洁雨根据笔者在南方科技大学的演讲《数学与现代文明》, 并参照参考下面两个文献整理出初稿. 本文由此初稿修改而成.

后记 2017—2018 年笔者以“数学与现代文明”为题曾在多处高校与科研机构做报告. 本文曾分为上下两篇分别在《数学文化》于 2018 年第 4 期和 2019 年第 1 期发表. 本文的部分相关材料可参考: 2016 年 7 月 12 日在上海师范大学的演讲: 马志明,《概率统计, 魅力无限》. 见 http://mathsc.shnu.edu.cn/2d/93/c1408a77203/page.htm;《数学传播》第 8 卷 4 期, pp. 12-23, 马志明文章《数学与现代文明》.